贰零贰贰

2022

大益茶典

—— DAYI CHADIAN ——

主编 吴坤雄

云南出版集团

YNKJ 云南科技出版社

·昆明·

图书在版编目（ＣＩＰ）数据

贰零贰贰大益茶典 / 吴坤雄主编 . -- 昆明 : 云南
科技出版社 , 2023.8
ISBN 978-7-5587-5157-8

Ⅰ . ①贰… Ⅱ . ①吴… Ⅲ . ①茶文化—介绍—云南
Ⅳ . ① TS971.21

中国国家版本馆 CIP 数据核字 (2023) 第 160306 号

贰 零 贰 贰 大 益 茶 典

ER LING ER ER DAYI CHADIAN

主　　编　吴坤雄
执行主编　徐慧慧

出 版 人：温　翔
责任编辑：吴　涯
助理编辑：张翟贤
版式设计：木束文化
责任校对：秦永红
责任印制：蒋丽芬

书　　号：ISBN 978-7-5587-5157-8
印　　刷：昆明美林彩印包装有限公司
开　　本：889mm×1194mm　1/16
印　　张：13.75
字　　数：270 千字
版　　次：2023 年 8 月第 1 版
印　　次：2023 年 8 月第 1 次印刷
定　　价：580.00 元

出版发行：云南出版集团　云南科技出版社
地　　址：昆明市环城西路 609 号
电　　话：0871-64190978

序 言
让世人享受茶之大益

赵建军

在十多年前的一次公益活动中，一位德高望重的法师对我说到：你们从事的行业属于善业，功德无量，大益天下……听了这席话，我倍感欣慰，思绪也开始泛滥。曾几何时，一直苦思大益的使命为何？尚未得解。此时，"大益天下，天下大益"的启示，令我茅塞顿开：让世人享受茶之大益！这不正是大益人的使命与追求吗？

回望大益82年的光辉历程，品牌彪炳，群星璀璨：范和钧、张石城、唐庆阳、吴远之等多位茶人，建茶国于边荒，铸普洱茶丰碑于人心。他们带领几代大益人，夙兴夜寐，锐意进取，从号级传奇到侨销圆茶，从七子饼茶到益原素茶晶，从实业兴国到茶道传播……艰难地一步步拓展，也创造了一个个奇迹，可谓"伟业丰功，费尽移山心力"。斯人已往，大益的传奇篇章还需吾辈奋发，接力续写。

2022年，是全体益家人共克时艰的一年。面对内外部变化带来的巨大冲击，我们走过了相思如茶的绵绵追忆，坚定地站在新起点，迎接新时代。前所未有的挑战也对每个大益人提出了更高的要求，艰难方显勇毅，磨砺始得玉成，大益人众志成城的凝聚力，以及共同坚守的信念，此时显得弥足珍贵。"源浚者流长，根深者叶茂"，在新的掌舵人张亚峰董事长的带领下，大益以更加务实的举措，主动调整战略，精进主业，回归"益心为好茶"的初心，调整副产，减轻企业自身与合作伙伴的负担和压力；优化组织机构与管理流程，改进考核办法与激励机制，提升组织能力，向管理要效益；积极推进跨界营销与异业合作，拓展新的客群，夯实消费基础；努力探索新的合作模式，为新品类、新业务寻求更好的发展空间；响应政府号召，助力乡村振兴，帮助当地茶农改善生产生活环境，为乡村社会长期稳定发展做出贡献……随着时间的推移，这些改革举措将逐渐显现效果，并对大益未来的发展产生积极而深远的影响。

这一年，大益启动了勐海茶厂新区建设项目，包括智能化车间、原料储备库、成品醇化库、可视化茶仓、茶文化长廊等功能设施，建成后将会成为勐海茶厂历史长河中的又一重要里程碑。

这一年，大益深耕不辍，继续稳扎稳打：连续5年获绿色食品"10强企业"称号，连续8年蝉联"双十一"茶行业销售冠军，引领茶行业朝着标准化、科技化、数字化发展。

这一年，大益爱心基金会启动了"大益乡村振兴行动"项目，投入数千万元用于茶农住房改造、水电路改造工程和文化设施建设，助力茶山乡村振兴、携手茶农共同富裕；继续推进"大益国际学生奖学金"项目，为周边国家在华的优秀留学生提供奖学金、以及茶文化教育，积极助推中华茶文化的传播。"以茶结缘，为爱相伴"，在公益道路上，"益家人"一直砥砺前行。

这一年，大益茶的经典仍在延续。一款款设计精美、品质优异的产品，有条不紊地推出：从生肖茶"瑞虎呈祥"开始，"乔木圆茶""大益精品孔雀"相继亮相，还有皇家气派的"龙柱圆茶"，气韵厚重的"古韵金香"，每款茶都成为市场关注的热点，"7542"和"7572"两大标杆，经典依旧。益原素茶晶也推出了各种风味的新品：桂圆红枣风味、菊花枸杞风味、玫瑰风味、桂花雪梨风味等新味茶晶，款款诱人。

站在新的起点，"益家人"以"谁无暴风劲雨时，守得云开见月明"的豁达，坚守在各个岗位；以"长风破浪会有时，直挂云帆济沧海"的魄力，奋斗于大江南北。为早日实现"成为世界级的中国茶品牌"这一愿景，各个环节齐心协力，在茶园与茶厂，茶工们不断改善环境，精进工艺，提升效率，以品质卓越的茶品供应市场；在茶店与茶馆，茶道师通过美化空间、丰富项目，以更加贴心的服务满足顾客。大益人从制好每片茶、泡好每杯茶、办好每场茶会、服务好每位顾客做起，日复一日，点滴努力，汇聚成海，只为"让天下人尽享一杯好茶的美好时光"。

"大益"缘于和云南大叶种茶的"大叶"近音而得名（机缘巧合，大益的英文"TAE"，也是茶的英文"TEA"的变形），如今，她已不仅仅是一个商标、一个茶名。于利益相关方而言，大益是茶农、茶工、茶商、茶友等各方共同的品牌；于品牌而言，大益是具有深厚历史底蕴的"老字号"；于茶道而言，大益具有丰富的内涵与寓意。"大益"者，益己益人，益身益世，益身——有益身心健康；益世——有益世间万物和谐。

让世人享受茶之大益——我们义不容辞！

目录

大事篇

茶品篇

传统渠道产品

目录

目录

茶性篇

大事篇

DA SHI PIAN

2022 大益集团大事记

云南大益爱心基金会获民政部授予"全国先进社会组织"称号

2022年1月12日，民政部发布《关于表彰全国先进社会组织的决定》，授予云南大益爱心基金会等281个社会团体、社会服务机构和基金会"全国先进社会组织"称号。

来源于国家民政部官网

据民政部2021年9月公布的数据，截至2020年底，全国共有社会组织89.4万个。为表彰在全面建成小康社会进程中，特别是在决战决胜脱贫攻坚、新冠肺炎疫情防控中作出了突出贡献，涌现出一批党的建设突出、自身建设过硬、发挥作用显著的先进社会组织，民政部于2021年启动了第四次"全国先进社会组织"评选表彰活动。

经推荐审核、意见征求、社会公示等程序，民政部决定，授予281个社会团体、社会服务机构和基金会"全国先进社会组织"称号，大益爱心基金会与云南省另外4家社会组织获此殊荣。

来源于国家民政部官网

云南希望工程"大益乡村振兴爱心基金"成立

2022 年 6 月 2 日，云南希望工程"大益乡村振兴爱心基金"签约仪式在昆明举行。大益爱心基金会理事长、大益集团总裁张亚峰女士，大益爱心基金会秘书长高云飞先生，云南省青少年发展基金会领导等出席仪式。

"大益乡村振兴爱心基金"是大益爱心基金会在云南省青少年发展基金会（以下简称"云南青基会"）内设立的专项公益基金。在未来 5~10 年的时间，大益爱心基金会将每年捐赠 600 万元 ~800 万元，用于扶持普洱茶原料产区的茶农，帮助他们改善居住条件、提高生活品质。

项目第一期是为勐海县巴达乡 29 户茶农改造电路，于 2022 年 7 月 26 日启动，现已完成改造。

与此同时，"大益乡村振兴爱心基金"勐海县茶农住房改建项目也正式拉开序幕。2022 年 12 月 10 日、11 日，"大益乡村振兴行动——茶农居住改造工程"捐赠签约仪式在勐海茶区举办。首批获得捐赠的 26 户茶农早早来到签约现场，满心欢喜地与大益爱心基金会签署协议，目光中饱含着对美好生活的向往。随后，大益爱心基金会为每户茶农捐赠 10 万元，帮助他们建设规范化住所，推动实现茶农生活更幸福、茶山更美丽。

"大益乡村振兴爱心基金"签约仪式

张亚峰理事长与茶农的孩子们在一起

据大益爱心基金会理事长张亚峰女士介绍，"大益乡村振兴爱心基金"将分期实施、推进公益项目，惠及普洱茶产区更多的茶农。希望能够通过一系列爱心行动，改善茶农及子女的生活条件、消除安全隐患，传递温暖与光明，助推乡村振兴、普洱茶产业进一步发展。

2022年4月，大益爱心基金会新一届理事会修改了《基金会章程》，明确把"助力乡村振兴，携手共同富裕"写入大益爱心基金会的宗旨。在未来相当长一段时间，大益爱心基金会的工作将更贴近茶农需求，更聚焦乡村振兴工作的高质量发展，与社会各界一道，巩固勐海县拓展脱贫攻坚成果与乡村振兴有效衔接工作，共同为普洱茶原料主产区的茶农带去更多的获得感、幸福感、安全感。

"大益乡村振兴爱心基金"勐海县茶农电路改造项目启动仪式

张亚峰理事长在启动仪式上致辞

茶农们对未来的生活充满了向往

张亚峰理事长与大益爱心基金会代表、益工代表曾多次走访茶山，慰问茶农及家属

"茶有大益，不仅在于能促进健康之益，还在于带动边疆民族地区经济社会发展，为群众谋利益。作为一家5A级基金会和全国先进社会组织，大益爱心基金会理应投身乡村振兴，帮助茶农过上更美好的生活。"张亚峰理事长表示，在未来的日子里，大益将主动服务并融入国家战略，推动云南茶产业和经济社会进一步发展。

多年来勐海茶厂坚持带领茶农"把茶种好、把茶园管理好"，帮助茶农脱贫致富，助力茶山实现乡村振兴

电力改造完成后，茶农们的生活质量将获得明显提升

勐海茶厂荣膺"云南省绿色工厂"称号

近日，云南省工业和信息化厅公布 2021 年度绿色制造名单，勐海茶业有限责任公司荣膺"云南省绿色工厂"称号。

绿色制造是生态发展的需要，也是中国制造向高端发展的必然选择。绿色制造也称为环境意识制造、面向环境的制造等，是一个综合考虑环境影响和资源效益的现代化制造模式。

云南省贯彻落实《"十四五"工业绿色发展规划》，加快推动绿色制造体系建设，促进工业绿色发展，从 2017 年起开展并组织各省评选绿色制造名单，包括绿色工厂、绿色设计产品、绿色工业园区和绿色供应链管理企业四项。其中，对实现了用地集约化、原料无害化、生产洁净化、废物资源化、能源低碳化的典型工厂企业，给予"绿色工厂"称号。

勐海茶业有限责任公司（勐海茶厂）一直将"绿色制造"融入于经营理念，落实到生产实践，坚持质量发展、绿色优先，把"绿色工厂"作为奋斗目标。作为云南大益茶业集团旗下核心企业，勐海茶厂目前已拥有占地面积为 700 多亩的现代化加工厂，建成布朗山和巴达两个万亩生态绿色茶园种植示范基地，发展成为以普洱茶为核心，涵盖茶、水、器、道四大事业板块，贯穿科研、种植、生产、营销与茶文化推广于一体的全产业链茶叶企业，其生产规模、销售额、利税及品牌综合影响力稳居同行第一。

勐海茶厂厂区

除尘系统与筛分设备

2017年6月，由大益集团旗下多家子公司联合申报的"普洱茶绿色制造及绿色设计平台一体化建设"项目获批国家2017年绿色制造系统集成建设项目。项目以提升茶叶绿色设计水平，全流程地提升茶叶生产过程绿色度为目标，重点针对解决围绕普洱茶种植、加工、营销等各个环节绿色发展的前沿问题及茶行业的共性问题。项目于2020年12月完成，总投资达13690.1万元。

勐海茶厂构建的普洱茶绿色设计数据库，可通过分析不同原料、种植方式、加工技术设备、包装材料等对环境、产品质量等的影响，综合评价产品方案的绿色度。

通过上述平台收集普洱茶绿色设计相关的各类资料，勐海茶厂已牵头编制了两项普洱茶行业绿色技术标准，提交云南省市场监督管理局立项。同时借助该标准对普洱茶产品"千山一叶"进行了产品绿色设计和评价。

勐海茶厂建立健全产品质量体系、严控茶叶加工，多年间大力投入，先后改造茶叶初制连续清洁化生产线、建设数字化集群烘房及冷凝水回收系统、改造燃气锅炉、建设自动筛分线、改造除尘设备等。其中，大益数字化集群烘房及冷凝水回收系统入选了《国家鼓励的工业节水工艺、技术和装备目录》（2021年）。一系列有效措施的实施，在确保产品质量的同时，实现提升效能、降低损

数字化集群烘房

质选设备

耗的目的，为企业开拓一条绿色发展道路，达到行业领先水平。

将在生产加工过程中筛分出的茶灰、茶末和茶渣处理后制成有机肥料，用于茶园基地培肥，或制成生物颗粒燃料用于生产，勐海茶厂走出了一条资源回收再利用的生态环保之路。

在传统拼配技艺的基础上，融入中药"配伍"的理论体系，充分发挥茶叶内含物质的优势互补，走科学健康的产品研配路线。运用该技术生产的产品如"轩辕号""千羽孔雀"等深受市场热捧。

勐海茶厂始终致力于通过科技创新深度挖掘茶叶健康资源，为消费者提供高品质、更健康的茶产品。为此，建立了大益微生物研发中心，建成了普洱茶微生物发酵生产线，上市了益原素系列产品，深受消费者喜爱。2022年，在茶叶健康资源利用上再获突破，成功上市了益多芬原茶精华面膜。

长久以来，大益集团以"让天下人尽享一杯好茶的美好时光"为愿景，以"践行惜茶爱人的茶道宗旨，努力成为世界著名的中国茶叶品牌"为使命，秉承传统、开拓创新，走出了一条兼顾产品质量、经营效益、绿色环保的发展之路。

"绿色工厂"称号是对勐海茶厂的认可，也是一种鞭策。未来，大益集团必将继续深入实施绿色制造理念，加大研发投入，努力探索新装备、新技术、新工艺，在实现自身绿色发展的同时，引领整个茶行业走向绿色发展、科学发展的更高水平！

益原素生产线

大益勐海茶厂连续 5 年获绿色食品 "10 强企业" 称号

2022 年 9 月 23 日，以 "庆丰收·奖名品" 为主题的 2022 年云南省 "10 大名品" 和绿色食品 "10 强企业" "20 佳创新企业" 表彰会议在云南海埂会堂召开。勐海茶业有限责任公司（即大益勐海茶厂）等 80 家企业被授予 2022 年 "10 大名品" 和绿色食品 "10 强企业" "20 佳创新企业" 称号。云南省委、省人大、省政府、省政协主要领导及有关领导出席表彰会并为获奖主体颁奖。

作为推进高原特色现代农业发展的重要抓手，"10 大名品" 评选表彰活动已连续举办了 5 年。与往年不同的是，2022 年的评选中，同一主体可同时申报 "10 大名品" "10 强企业" 和 "20 佳创新企业"，但评选结果不交叉重复。通过评选，勐海茶业有限责任公司被授予 2022 年绿色食品 "10 强企业" 称号。

2022 年申报评选工作按照主体自愿申报，县（区）审核、公示，州（市）推荐、初审，州（市）公示、复审和全省公示，表彰决定 6 个环节进行，共 432 个企业申报参评，数量较 2021 年增长 10.8%。经对各主体质量、市场、效益等情况进行综合评估公示后，形成最终表彰名单。

2022 年云南省 "10 大名品" 和绿色食品 "10 强企业" "20 佳创新企业" 表彰活动

通过评选表彰，名品名企得到了政府强有力的公信背书，产品品牌、企业品牌的知名度和传播力有效提升，特色优质农产品在市场的品牌价值和溢价能力切实增加，绿色云品的市场占有率、影响力、竞争力持续增强。

在表彰名单中，勐海茶业有限责任公司成为茶行业里连续5年获得绿色食品"10强企业"的企业。"这不仅是大益的荣誉，也代表着云茶在云南打造'绿色食品牌'战略中占有重要地位。"大益集团副总裁、勐海茶业有限责任公司执委会主任（总经理）曾新生说，在为获奖感到荣幸的同时，也对茶企的绿色发展模式有了更多地探讨和思考，希望能够起好带头作用，帮助整个云茶产业在绿色发展这条道路上更进一步。

自云南省从2018年开始开展"10大名品"和绿色食品"10强企业"评选以来，大益茶在前3年实现了多个单品连续获得云南"十大名茶"第一名的殊荣。从2021年开始，大益突破传统单品局限，转向品类、品牌的全线升级，连续5年跻身云南省绿色食品"10强企业"。

曾新生表示，打造"绿色食品牌"，质量是根本，是企业之生命。今年是大益勐海茶厂建厂82周年，大益人正努力向"百年"迈进。企业将承担起责任，让从茶园到茶杯的每一片茶叶，都经得起市场的检验；用心做好每一件茶品，让安全、健康、好喝的大益茶为更多消费者所喜爱。企业将致力于带动整个云茶产业的产量与产值，让云南茶农能够因茶而富，把云南普洱茶做大做强。

总投资 10.2 亿元，勐海茶厂新区建设项目举行开工仪式

2022 年 9 月 28 日，"勐海县四季度重大项目工作推进会暨勐海茶厂新区建设项目开工仪式"在勐海茶厂新区（首期）建设项目现场隆重举行。

勐海茶厂新区项目，总投资 10.2 亿元，规划面积约 228.78 亩，总建筑面积约 27 万平方米。主要建设内容包括原料储备库、成品库、智能化生产车间、可视化茶仓、茶文化长廊等功能设施，整个项目计划分为三期，用 4~5 年时间完成。

西双版纳州委、州政府领导，勐海县委、县政府领导出席了开工仪式。

大益集团董事长张亚峰介绍，目前，茶厂新区项目修建性详细规划已经通过州规委会批准，一期施工许可证已办理完毕，正在进行室外配套和主体桩基工程的施工，预计 2022 年内完成投资约 8000 万元。

项目建设现场，彩旗飘扬、工程用车排列整齐，勐海茶厂职工身着统一工作服，脸上洋溢着喜悦的神情

茶厂新区项目，不是简单的产能或储量的增加，而是将大益集团历年来对科研持续投入的成果应用于生产和管理的实践，服务于工艺和技术升级的目标。项目投产后，勐海茶厂将实现规模化原料陈化30年的跨度，满足按照产地、海拔、茶龄、级别等超过千余类原材料专业化、精细化的管理要求，大大提升工艺和年份的价值空间，保证产品品质能得到更稳定的延续和发展。

另外，项目还将直接提供约500个专业技术就业岗位、新增工业产值约10亿元。随着项目陆续建成并投入使用，也将带动茶农稳步增收、促进当地创业就业，成为振兴乡村经济发展的长期动力引擎。

董事长张亚峰还表示，近年来受宏观经济影响，茶产业也进入了一段相对困难的时期，大益集团此时开建茶厂新区项目，源自于对普洱茶产业毫不动摇的信心。相对于经济环境的变化，大益更关注如何能提供更好的产品和服务，我们培育茶叶的这"一方土壤"不会变，我们也相信茶友对普洱茶的热爱不会变，大益对"让天下人尽享一杯好茶"的初心也不会变。

作为中国茶产业的领跑者，多年来，大益集团始终发挥着龙头企业的示范带头作用，该项目的开工，是勐海茶厂历史长河中又一重要里程碑，茶厂新区项目的完成，将为大益茶品质升级提供更科学的保障，为广大茶友的品饮和仓储提供更好的服务。同时，也将助力云南实现从产茶大省向产茶强省的跨越式发展，带领云茶产业向产业化、标准化、规模化迈进。

勐海茶厂新区效果图

大益十年工业化改革创新之路

在勐海茶厂喜迎 82 周年之际，回望过去这 10 年，恰是勐海茶厂正式开启工业化改革的 10 年。这一路拼搏，大益量质齐升、不断发挥榜样力量，引领行业迈上了更高质量、更有效率、更可持续的发展之路。

采访中，大益集团董事长、总裁张亚峰女士表示，自大益集团成立以来，其发展从未局限于眼前。坚持创新驱动发展，提升企业科技投入与产出能力，发挥龙头企业的创新引导与示范作用，是大益人一直在做的。经过十多年的努力，大益在知识产权建设方面，取得了多个亮眼的成绩。"创新不止步、引领行业向前发展、与大家共享劳动成果，一直是我们的发展宗旨。"

正是在这种有方向、有理想、有格局的发展战略指引下，大益于 2010 年正式开启工业化改革之路，培养了一批批专业技术人才，生产出一片又一片炙手可热的大益茶，轰轰烈烈地走过了非凡十年。

回望过去十年，张董所说的"引领行业发展"，显现在每一片茶叶里。

在勐海茶厂备料车间，仅是原料除杂这一道工序，就需要经过风选、静电、毛发剔除、悬浮除杂、碎末筛除、色选、质选、人工拣剔等多个环节。每一个环节所涉及的工艺、机械设备的创新、研发、改革，都是由大益率先开始。多年来，勐海茶厂制茶工艺的先进性、专业化始终引领着整个行业，并打造了"大益"这一普洱茶行业的明星品牌。

勐海茶厂自主研发的"拣剔流水线毛发剔除装置"，于 2020 年申报专利成功，该装置在全行业内推广使用的同时，还荣获云南省职工创新奖三等奖。毛发剔除装置的运用，在很大程度上保证了原料的洁净度、降低人工拣剔难度的同时，也降低了毛茶原料的造碎、较好地提升了产品品质。

据勐海茶厂备料车间主任黄涛介绍，经过近年的持续创新和改进，勐海茶厂在人工拣剔环节中，主要的拣剔器具由传统的簸箕、玻璃桌向拣剔流水线逐步转变，生、熟茶人均拣剔产能由 20kg/ 天，提升到 48kg/ 天，人均效率提升 240%。

备料车间（局部）　　　　　　　　　　静电除杂设备

静电除杂技术的应用，也让勐海茶厂工艺设备的除杂能力实现飞跃。茶厂分别于 2011 年、2013年、2019 年各建成 2 条静电拣剔线，静电除杂机可以对原料中的轻飘物进行有效吸附，大幅降低了后端人工拣剔的压力，工作效率提升 20%~25%。

　　近年来，在公司的大力推广、培训下，该设备除应用于全行业的茶叶生产，加工环节，还大量运用到茶农对原料的初加工过程中。据不完全统计，目前 90% 以上的茶叶初制所、供应商都配备了该设备。

　　"自茶农使用这个设备后，原料收购时我们明显发现原料洁净度提升了，随之带来的是原料在评级时等级也在上升，可以说这是反向促进茶农的收入。"勐海茶厂生产部副部长朱笔武介绍，静电除杂最开始是用于红茶的生产，勐海茶厂用两年多的时间对各个工艺参数、生产要求进行论证后，于 2011 年研发出了适合用于普洱茶生产的静电拣剔生产线，至今该设备、技术已历经 3 代更迭。

　　"机器启动后，只见黄片哗哗哗的就出去了，当时看到这个场景太震撼了，连机器是哪个厂家生产的我都还记得。没有色选机的时候，黄片剔除全靠人工一片一片拣。"在茶厂工作 30 多年的杨美兰，在说起整个厂工业化改革历程时，让她印象最深刻的还是 2010 年色选机的正式运行。

　　筛分工艺及设备的革新，也是大益工业化发展的主要代表之一。通过筛分这道工序可将不同长短、粗细及轻重的茶叶原料，利用圆筛机、抖筛机及风选机将其分离开来，以便于产品的研发拼配和后续的拣剔除杂，也为每一片优质大益茶的产出提供最重要保障。

　　自 2012 年开始，勐海茶厂对原有的筛分设备重新进行改进，陆续新建了 3 条筛分联装生产线，不仅解决了产量低、筛分工艺不足等问题，设备制作上也更加符合食品安全卫生要求。目前，茶厂正在新建一条熟茶筛分联装设备，预计年底之前就能正式投入使用，届时产能还将进一步提升。

　　每一个到勐海茶厂生产线上参观过的人，都能够深切地体会到，每一饼大益茶的面世，都凝聚了大益人的汗水和智慧，每一杯茶汤中都蕴含着大益人积极进取、勇于开拓的创新精神。

　　大益的创新，不仅仅是一味追求顶尖，更多的是藏在背后的企业情怀与担当。近年，人工拣剔流水线、有大数据储备的质选机、数字化集群烘房、自动压饼中式线的先后投入运营，也在节能减排、数字赋能、提质增效、绿色发展等方面起到促进作用。

　　20 世纪 40 年代，勐海茶厂的建成，开启了中国机械制茶的先河。彼时，很多生产所用的设备主要依靠进口，消费者对普洱茶加工、制作的认知，一度停留在作坊式手工劳作。如今，在大益的

原料自动化筛分设备

勐海茶厂成型车间的自动压饼生产线

设备投入（部分）

领跑下，整个行业已经实现标准化、尝试国际化、布局数字化……

这一切转变的发生，不得不提大益集团明确的发展目标，以及对未来的谋篇布局。

在大益集团2018年上半年工作会议中总结到，自2010上半年提出工业化以来，勐海茶厂进行了大规模的技术改造，劳动效率得到了很大的提升，基本实现了工业化1.0。明确指出接下来要做的是工业化2.0，重点推进"机器人计划"及"第三代发酵车间建设"等项目。

如今，2个重点项目均已实施落地。

大益自成立以来，从基础研究、工艺改革、产品创新、人才储备等方面着手蓄力发展，并取得了优异的成绩。

2021年，由勐海茶厂自主研发的"紧压茶模具及应用该模具进行紧压茶的制作工艺"，荣获中国专利奖优秀奖，这也是大益在专利方面获得的最高奖项。

勐海茶厂执委会执委袁国霞介绍，自2013年开始，公司特别制定并完善员工发明创造奖酬实施办法，对员工的创新能力起到有效的激励作用。他说，公司的技术装备部团队成员基本是毕业于国内各大高校相关专业的大学生，近年来经过不断磨砺与培养，整个团队已实现生产设备自主设计、研发、维护一体化，这对大益产品质量稳定、生产工艺提升、效率提升作出了卓越的贡献。

"不夸张地讲，这个团队引领了勐海茶厂乃至整个普洱茶加工业的机械革命，由他们所研发的多类技术、设备为业内首创。团队刚组建时也遇到了很多的困难，比如大家的想法没法与实际生产有效衔接，但我们的宗旨就是允许失败……"袁国霞说。

据统计，大益集团2022年全年完成了6项新专利申请，获得新授权专利5项，新提出商标注册申请22件，新增授权商标50件。截至2022年底，公司共拥有有效专利119项，其中发明专利37项、实用新型专利20项，外观专利62项；拥有著作权75项；有效商标1201项，其中国内商标851项、国外商标350项。

《流金岁月——大益八十年》面世

历经两年的精心编撰，由吴远之先生主编、首部真实记录了大益八十年沧海巨变的著作《流金岁月——大益八十年》于日前正式出版发行。本书由广西师范大学出版社出版，以图文并茂的形式，融趣味性、文学性和纪实性于一体，力争为读者展现历史时空下奋发前进的大益集团。

10月28日，在昆明举办的第51期梧桐茶会暨《流金岁月——大益八十年》新书发布会上，本书首次露出真容。

《流金岁月——大益八十年》由云南省社会科学院研究员张睿莲教授、云南省社会科学院副研究员宋磊博士、大益集团内部工作人员，以及其他专家学者组成专题工作小组。本书以大益的发展历史为脉络，叙述和记录了企业从初创到改制、再创辉煌的壮阔历程。为力求详实与真实，笔者曾深入云南省档案馆、西双版纳州勐海县档案馆查阅了海量的历史资料，做了上百个G的文字、图片的收集整理。采访了从创办佛海茶厂（勐海茶厂前身）至今还健在的多位老员工及企业家——包括当时大学毕业后就分配到勐海茶厂的、云南大学原副校长林超民教授。还有当年从凤庆过去支援勐海茶厂的几位老员工，现在都已经九十多岁了……本书糅合厚重的历史人文，实现茶与文化的对接，

将大益八十年的奋斗轨迹呈现得更加清晰，是广大普洱茶爱好者、茶行业从事者、企业家等走近大益、了解大益的不二之选。

本书 30 多万字，图文并茂，配有珍贵的历史照片共计 260 多张，既是一部企业发展史，也是一部产业兴衰史，是一份坎坷而又奋进的发展实录，从多角度浓缩、展示、书写了一个中国企业伴随着政治、经济、文化和社会发展产生的变化，也是时代痕迹的重要体现和折射。

"国家级非物质文化遗产"证书 　　　　　　"人类非遗名录"证书

大益茶制作技艺入选联合国人类非遗

　　2022 年 11 月 29 日晚，"中国传统制茶技艺及其相关习俗"通过评审，被列入联合国教科文组织人类非物质文化遗产代表作名录（名册），"大益茶制作技艺"作为普洱茶制作技艺的代表位列其中。

　　此次联合国教科文组织保护非物质文化遗产政府间委员会第 17 届常会，于 2022 年 11 月 28 日至 12 月 3 日在摩洛哥召开。今年我国唯一申报项目是"中国传统制茶技艺及其相关习俗"，堪称我国历次人类非遗申报项目中的"体量之最"，共涉及 15 个省（区、市）的 44 个国家级非遗代表性项目，涵盖绿茶、红茶、乌龙茶、白茶、黑茶、黄茶、再加工茶等传统制茶技艺和径山茶宴、赶茶场、潮州工夫茶艺等相关习俗。

　　"中国传统制茶技艺及其相关习俗"是有关茶园管理、茶叶采摘、茶的手工制作，以及茶的饮用和分享的知识、技艺和实践。大益集团始创于 1940 年，是中国最早成立的机械化、专业化制茶企业之一，历经 82 年的辛勤耕耘，已发展成为以普洱茶为核心，贯穿科研、种植、生产、营销与文化全产业链的现代化大型企业集团。

　　早在 2008 年，"大益茶制作技艺"就入选了国家级非物质文化遗产名录。近年来，大益人凭借勇于创新的开拓精神，对该技艺进行不断完善、升级，推出一款又一款广受市场追捧的大益茶。与此同时，大益始终以传承中国茶道精神、复兴中华茶道为己任，形成了一套完整、系统的茶道体系，并坚持在茶道文化研究、茶道艺术研究、茶道全面推广、茶文化国际交流等方面贡献自己的力量，打造了一个个极具学术价值、前瞻性、综合性的茶文化交流推广平台。

通过举办大益论茶、公益奉茶、品乐会、茶庭剧等大众喜闻乐见的活动，以茶会友，带领茶文化爱好者体验茶道之美，并由此形成了高雅、独特的饮茶风格，且始终贯穿于消费者的日常生活、仪式和节庆活动中。

由此，打造了令人瞩目的"大益"这一明星茶品牌。

至此，我国共有43个非物质文化遗产项目入选联合国教科文组织非物质文化遗产名录（名册），居世界第一。

茶品篇

CHA PIN PIAN

传统渠道产品

瑞虎呈祥

产品介绍:

　　瑞虎呈祥,是大益虎年推出的一款生肖纪念茶。2022年,一纪轮回,群星璀璨,"瑞虎呈祥"升级,作新年献礼,贺新春祥瑞。

　　"瑞虎呈祥"以漫天风雪为背景,兽王护佑四只幼虎,朝山下走来。兽王的眼神坚毅,脚步带着对生命的希望,勇往无畏。

　　虎,百兽之王,是平安吉祥的瑞兽。瑞虎下山象征寒冬已过春将暖,万物复苏;借此祝愿山河无恙,人民安康,同享一杯茶的美好时光!

　　本产品原料以布朗古树茶为主,经入选国家级非物质文化遗产名录的"大益茶制作技艺"匠心而制。布朗古茶园,勐海云雾臻品的发源地,藏于北纬21°的热带雨林秘境。山脉蜿蜒绵亘,林间云雾缭绕,独特的生态环境孕育出上乘古树茶。

　　大益目前拥有庞大的原料数据基因库,在云系统上成功实现了各品类原料的可视化。"经验做茶"与"数字制茶"相结合,科学的数字拼配模型,架构基础茶叶配方,再经传承了八十多年丰富经验的资深拼配师精雕细琢,完美呈现出茶品特性。非遗的制茶技艺结合现代化AI制茶工艺,以精准的科技生产作坚实后盾,塑造了该产品"茶香馥郁、层次丰富、刚柔并济"的特性。

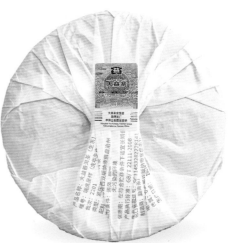

重量：357g/ 饼

批次：2201

包装：专用棉纸，通用纸袋，专用中提，7 饼 / 袋 / 提

审评结果：

外形：条索乌黑健硕，粗壮有力，黑条白芽交相辉映

汤色：茶汤绵密，凝如琥珀，流若金光

香气：茶香馥郁，水落香起，烟香弥漫，蜜香接踵而至

滋味：强劲厚实，入口甜感丰盈，苦感劲霸，回甘生
津迅猛，喉韵霸烈

叶底：肥厚饱满，水润鲜活

7542

产品介绍：

    7542乃普洱生茶典范之作，是勐海茶厂生产时间最长、产量最大的普洱茶青饼，历经岁月磨砺，品质历久弥坚，被誉为"评判普洱生茶品质的标杆产品"。

    本产品原料选用勐海茶区优质大叶种晒青毛茶，肥壮茶青为里，幼嫩芽叶撒面，拼配得当，存放后变化丰富。

重量：357g/饼

批次：2201

包装：专用棉纸，笋壳扎筒，7饼/筒，
竹篮15kg成件，6筒/件

审评结果：

外形：饼形端正圆整，条索紧结，色泽润亮显芽毫

汤色：黄亮

香气：丰富，花果香高锐持久，蜜甜香高雅轻盈

滋味：醇厚饱满，回甘生津强烈，回味悠长

叶底：色泽黄绿鲜活，较嫩匀

7582

产品介绍：

    7582是勐海茶厂传统的大宗生茶之一，精选勐海新茶茶青，采用入选国家级非物质文化遗产名录的"大益茶制作技艺"精制而成。

重量：	357g/ 饼
批次：	2201
包装：	专用棉纸，通用纸袋，7饼/袋，通用外箱15kg成件，6袋/件

审评结果：

外形：	饼形端正，条索紧实，色泽润亮，稍显毫
汤色：	绿黄明亮
香气：	丰富，蜜甜香浓郁，清香悠扬，带烟香
滋味：	醇厚回甘，茶汤香甜，口感协调
叶底：	色泽黄绿，较匀整，稍显梗

乔木圆茶

产品介绍：

十年光阴，一盏茶光。

十年味道，值得等待！

本品原料甄选万山耸立、薄雾缭绕、野趣横生的普洱茶三大核心产区乔木茶，根系发达、生命力旺盛，叶厚质丰。

"2+8"，2年原料存储、8年成品存储，在存储的过程中，选用最适仓储面积单元，结构化空间，科学的温湿度动态控制。

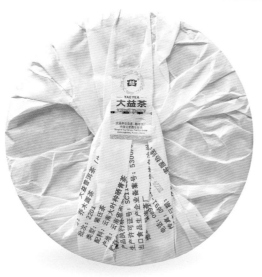

重量：357g/饼

批次：2201

包装：专用棉纸，笋壳扎筒，7饼/筒，
通用外箱15kg成件，6筒/件

审评结果：

外形：饼形圆润饱满，茶条肥硕清晰，玄黑泛光

汤色：清透金黄，如凝露

香气：沉稳丰盈，烟高香扬、陈香悠长、甜香灵动

滋味：陈醇厚实，茶体细腻，苦藏于甘甜中，丰润舒
　　　适，平衡和谐；回味猛烈甜美，充满活力，生
　　　津绵延，气韵悠长

叶底：叶质肥厚，柔韧舒展

龙柱圆茶

产品介绍：

　　大益首款"龙柱圆茶"生茶，与"龙柱圆茶"熟茶同属于皇茶系列，传承"龙团凤饼"的设计理念，将宋人精益求精、盛造其极的制茶精神与国家级非物质文化遗产"大益茶制作技艺"相结合，香甘味重，品质独特。

　　"龙团凤饼"在宋徽宗赵佶《大观茶论》里的记载最为专业和精妙："龙团凤饼，名冠天下。采择之精，制作之工，品第之胜，烹点之妙，莫不盛造其极。""夫茶以味为上，香甘重滑，为味之全。""茶有真香，非龙麝可拟。"由此可见，龙团凤饼用料之考究、工艺之精湛、品质之绝妙。

　　"龙柱圆茶"以"龙柱"为名，龙为主要设计元素，紫色为包装设计底色。龙是中华民族的图腾，在中国传统文化中是权势、高贵、尊荣的象征，曾被历代皇室御用，雕刻于华表柱之上，名为龙柱。龙柱象征顶天立地，是现代人们对于古代艺术的一种传承和延续，也是中华民族非常具有代表性的一个建筑物，被赋予了吉祥的寓意。

　　紫色是尊贵的颜色，被赋予"高贵祥瑞"之义，也代表着圣人、帝王之气。早在春秋时期，因"齐桓公好服紫"，紫色便逐渐成为了高贵的颜色。至汉武帝时，首次确定紫色为御服用色，还把"金印紫绶"作为赏赐群臣的标配，紫色便成了象征权力与富贵的颜色。秦汉以后，紫色被认为是天之色，成为了皇家、高官府第喜欢的装饰颜色。龙柱圆茶借此表达"紫气东来见瑞氛"的美好祝愿。

　　本产品精选勐海茶区5年陈高山春茶为主要原料，经入选国家级非物质文化遗产名录的"大益茶制作技艺"精心研制而成，香甘味重，陈韵初显。

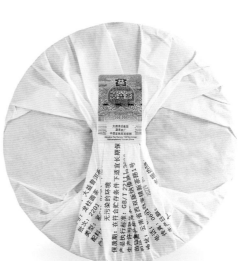

重量：357g/ 饼

批次：2201

包装：专用棉纸，通用纸袋，7 饼 / 袋，
通用外箱 15kg 成件，6 袋 / 件

审评结果：

外形：饼形圆润饱满，色泽润亮，茶条肥硕显白毫

汤色：深黄明亮，金光闪烁

香气：茶香丰盈，蜜甜香浓郁，陈香初现，伴着百花
果香

滋味：茶味重酽，强劲的苦与浓郁的甜在口中争相碰
撞、释放，回味甘醇，舌底鸣泉，余韵不绝

叶底：绿黄柔软，水光莹润

金色韵象

产品介绍：

    产品延续 501 金色韵象传统配方，精选优质陈年大树茶青为原料，经入选国家级非物质文化遗产名录的"大益茶制作技艺"精心研配而成。条索壮实，色泽乌润，汤色橙亮，滋味浓醇，香气馥郁，光彩照人。本产品于 2022 年面市。

重量：357g/ 饼

批次：2101

包装：专用棉纸，笋壳扎筒，专用中提，7 饼 / 筒 / 提，通用外箱 15kg 成件，6 提 / 件

审评结果：

外形：饼形圆润饱满，条索肥壮，色泽
　　　乌润，硕芽呈金

汤色：橙亮，金光拂面，流光溢彩

香气：丰富，烟陈成韵，蜜甜香弥漫，
　　　馥郁迷人

滋味：味浓至醇，富有层次，内质丰盈，
　　　力道厚重饱满，苦涩协调，回甘
　　　强劲，溢溢生津，余韵悠长

叶底：茎叶肥壮

甲级沱茶

产品介绍:

　　本产品选用嫩度适中的云南大叶种晒青毛茶精制加工而成。拼配以细嫩和中壮茶青相结合,外形以条索肥嫩、芽叶完整见长,内质兼顾了茶品的浓强度、鲜爽度和香气,彰显大益甲级沱茶的独特风格与魅力。

重量:	100g/ 沱
批次:	2201
包装:	专用棉纸,专用纸袋,5 个 / 袋,专用中提,6 袋 / 提,专用外箱 12kg 成件,4 提 / 件

审评结果：

外形：沱形周正，碗口平整，松紧适宜

汤色：黄亮

香气：烟香明显，带蜜甜香

滋味：醇正，苦涩易化，回甘迅速

叶底：色泽绿黄，较嫩匀

古韵金香

产品介绍：

　　本品以布朗山山脉之巅的幽深秘境古树茶为主要原料，古树之韵尽显；再经过多年自然陈化，陈韵彰显；采用国家级非物质文化遗产名录的"大益茶制作技艺"精心研配而成，陈醇古韵，烟香典范，张驰有力。

重量：357g/饼

批次：2201

包装：专用棉纸，笋壳扎筒，7饼/筒，竹篮10kg成件，4筒/件

审评结果：

外形：饼形圆润饱满，茶条苍劲，古铜金芽

汤色：琥珀金汤，橙黄流光

香气：金香独特，烟香典范；烟香、陈香、茶香凝为一体，又各自芬芳

滋味：茶香而味烈，烟陈凝聚；汤质稠厚霸烈，强劲而又饱满协调，回甘生津迅猛，古韵悠长

叶底：茎肥叶厚，活润有光

大益精品孔雀

产品介绍：

　　大益精品孔雀精选布朗山核心产区大树茶为原料，经入选国家级非物质文化遗产名录的"大益茶制作技艺"精制而成。茶味厚酽强劲，气韵深邃宽广。

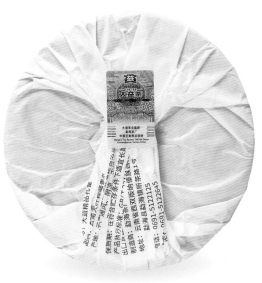

重量：	357g/饼
批次：	2201
包装：	专用棉纸，笋壳扎筒，7饼/筒，竹篮15kg成件，6筒/件

审评结果：

外形：饼形圆润饱满，茶条肥硕

汤色：蜜黄透亮

香气：烟香高浓，花果甜香馥郁

滋味：厚酽强劲，重苦重涩，回甘生津驰聘有
　　　力，气韵深邃宽广

叶底：绿黄鲜活，柔嫩舒展

银大益

产品介绍：

　　银大益源于 2003 年，是一款底蕴深厚、品质卓绝、市场认可度极高、极具代表性的经典产品。该产品历经数十年千锤百炼、匠心打磨，经典再现。

　　2201 银大益精选勐海名山优质肥壮晒青毛茶为原料，高山大树，黄金配比，匠心雕琢，气韵天成。其包装以中国古代顶级工艺代表金银错重器为蓝本，以银色为主导，以金色为点缀，将金银错工艺与大益普洱茶制作工艺精妙结合，重工重力铸造金银重器，匠心匠气匠造大益普洱！

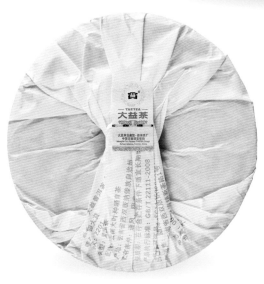

重量：357g/ 饼

批次：2201

包装：专用棉纸，笋壳扎筒，7 饼 / 筒，
　　　通用外箱 15kg 成件，6 筒 / 件

审评结果：

外形： 饼形圆润饱满，条索肥壮，银芽黑条，
白毫镶嵌

汤色： 深黄油亮

香气： 馥郁，果蜜香高扬，陈香初显，烟香若
隐若现

滋味： 浓酽饱满，香高质厚，生津回甘强烈，
甘润绵延

叶底： 黄绿匀亮，芽叶舒展

7572

产品介绍：

　　本产品是勐海茶厂的大宗普洱熟茶，从20世纪70年代中期生产至今，采用金毫细茶撒面，青壮茶青为里茶，发酵适度，综合品质高，勐海味十足，为大众所推崇，被市场誉为"评判普洱熟茶品质的标杆产品"。

重量：357g/ 饼

批次：2201

包装：专用棉纸，通用纸袋，7饼/袋，
　　　通用外箱15kg成件，6袋/件

审评结果:

外形: 饼形圆润饱满, 松紧适度, 金毫显露

汤色: 褐红

香气: 焦糖香浓郁, 带甜香

滋味: 醇厚饱满, 汤质黏稠, 入口甜润顺滑

叶底: 褐红润泽, 尚匀整

7592

产品介绍：

　　本产品是勐海茶厂传统的大宗熟茶之一，于 1999 年开发，在沿用并优化 1975 年配方时，刻意拼入老茶梗而撞出新惊喜。以成熟叶片为主，拼入适量茶梗，陈香馥郁，甜香、醇滑、独具韵味。本产品于 2022 年面市。

重量：	357g/ 饼
批次：	2001
包装：	专用棉纸，通用纸袋，7 饼 / 袋，通用外箱 15kg 成件，6 袋 / 件

审评结果：

外形：饼形端正，松紧适宜，撒面均匀，稍显金毫

汤色：褐红明亮

香气：甜香显著，带木香

滋味：香甜醇滑，口感柔和协调

叶底：色泽褐红，显梗，较匀整

7672

产品介绍：

　　本产品精选云南大叶种晒青茶为原料，经入选国家级非物质文化遗产名录的"大益茶制作技艺"精制而成，采用细芽金毫撒面，中壮茶青为里茶，发酵适度，汤色红浓明亮，滋味醇厚饱满，糖香馥郁，稠滑如丝，香甜如缕，综合品质较高。本产品于2022年面市。

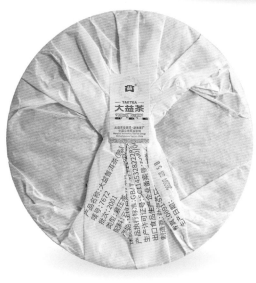

重量：	357g/ 饼
批次：	2001
包装：	专用棉纸，通用纸袋，7 饼 / 袋，通用外箱 15kg 成件，6 袋 / 件

审评结果：

外形：饼形圆整，松紧适宜，条索紧细，撒面显金毫

汤色：红浓明亮

香气：纯净，糖香馥郁持久，带焦糖香

滋味：醇厚饱满，浓甜有苦底，茶汤稠滑如丝，香甜如缕

叶底：色泽褐红，较匀

7552

产品介绍:

　　本产品采用红熟发酵工艺,充分体现了勐海茶厂熟茶纯正浓厚的优点,滋味醇和稍厚,香气馥郁,口感顺滑。曾获2009年第二届华中茶业博览会暨茶文化节金奖。本产品于2022年面市。

重量:	357g/饼
批次:	2101
包装:	专用棉纸,通用纸袋,7饼/袋,通用外箱15kg成件,6袋/件

审评结果：

外形：饼形端正，松紧适宜，撒面均匀，芽头肥硕，显金毫

汤色：红浓明亮

香气：纯正，糖香浓郁持久

滋味：醇和稍厚，口感甜润顺滑，略有苦底

叶底：色泽褐红，显嫩梗，较匀整

勐海之星

产品介绍：

甘滑浓厚，馥郁陈香。

2005年，勐海之星研发成功，首次问世便荣获了第二届中国国际茶业博览会金奖；2008年，勐海之星被作为国礼，赠送给时任俄罗斯总统的梅德韦杰夫，深受其喜欢并被其大加赞赏；2022年，勐海之星在1401批次后时隔8年再次生产，其"甘滑浓厚，馥郁陈香"的特点充分体现了大益普洱发酵茶的突出品质。

勐海之星是大益高品质普洱熟茶的代表之一，早期有200g和400g两种规格，2011年开始基本固定为357g。产品选用勐海高山茶为原料，经入选国家级非物质文化遗产名录的"大益茶制作技艺"精制而成，发酵适度，是滋味最为厚重的普洱熟茶之一。其汤色红浓明亮，陈香馥郁，糖香纯正，滋味浓厚甘滑，极具品饮价值。

重量：357g/ 饼

批次：2201

包装：专用棉纸，通用纸袋，专用中提，7 饼 / 袋 /
提，通用外箱 10kg 成件，4 提 / 件

审评结果：

外形：饼形端正，松紧适宜，撒面均匀，金毫显露

汤色：红浓明亮

香气：陈香馥郁，糖香纯正，带麦芽甜香

滋味：浓厚甘滑，汤感稠润饱满

叶底：褐红柔软，较嫩匀

玉露润泽

产品介绍：

　　精选澜沧江流域优质大叶种晒青毛茶为原料，经入选国家级非物质文化遗产名录的"大益茶制作技艺"发酵、精制而成，金风玉露，甘醇润泽。

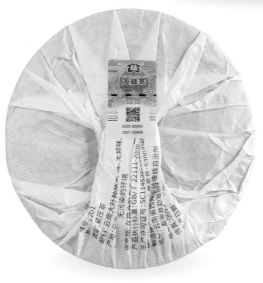

重量：	357g/ 饼
批次：	2201
包装：	专用棉纸，通用纸袋，7 饼 / 袋，通用外箱 15kg 成件，6 袋 / 件

审评结果：

外形：饼形圆整，色泽褐润，金毫显露

汤色：褐红明亮

香气：糖香浓郁，甜香持久

滋味：圆润饱满，甜滑度俱佳，糖香溢于齿间，甜意绵延，
　　　甘醇润泽

叶底：褐红柔润

益友会产品

天地人和（生茶）

产品介绍：

天地人和是在2012年天地人和礼盒的基础上开发的产品。其生茶属于蜜香、翡冷翠等电商畅销生茶的进阶产品，主打年份概念、体现普洱茶越陈越香的属性。

天地人和生茶，精选高海拔茶区的云南大叶种晒青毛茶为原料，经5年时光自然陈化，采用入选国家级非物质文化遗产名录的"大益茶制作技艺"精制而成。

重量：357g/饼

批次：2201

包装：专用棉纸，通用纸袋，专用中提盒，7饼/袋/提

审评结果：

外形：饼形圆整饱满，芽叶肥硕显毫

汤色：金黄明亮

香气：烟陈香明显，带果蜜香

滋味：醇正饱满，烟香入汤，口感协调，
回甘明显

叶底：黄绿偏陈，较匀整显嫩茎

天地人和（熟茶）

产品介绍：

    天地人和是在2012年天地人和礼盒的基础上开发的产品。天地人和熟茶，精选云南大叶种晒青毛茶为原料，经入选国家级非物质文化遗产名录的"大益茶制作技艺"发酵、精制而成。糖香浓郁，口感甜醇滑糯，适口性佳。

重量：	357g/饼
批次：	2201
包装：	专用棉纸，通用纸袋，专用中提盒，7饼/袋/提

审评结果：

外形：饼形周正，撒面肥嫩显金毫

汤色：红浓明亮

香气：糖香浓郁

滋味：甜醇，口感丰富

叶底：色泽褐红，较匀整

7542（150g）

产品介绍：

　　7542 是勐海茶厂出厂量最大的青饼，从 1975 年研发，持续生产至今，成为了大益经典产品之一，被市场誉为"评判普洱生茶品质的标杆产品"。本品以肥壮晒青茶青为里，幼嫩芽头撒面，拼配得当。

重量：	150g/ 饼
批次：	2201
包装：	普通包装（1 饼 / 盒，5 盒 / 中盒）

审评结果：

外形：饼形周正，色泽黄绿透乌润，幼嫩芽头
撒面

汤色：黄亮

香气：花果香、蜜香

滋味：醇厚，稍显苦涩

叶底：色泽黄绿，稍显嫩梗，尚匀整

7572（150g）

产品介绍：

    7572 是勐海茶厂的大宗普洱熟茶，从 20 世纪 70 年代中期生产至今，为大众所推崇，被市场誉为"评判普洱熟茶品质的标杆产品"。本产品采用金毫细茶撒面，青壮茶青为里茶，发酵适度，综合品质高。

重量：	150g/ 饼
批次：	2201
包装：	普通包装（1 饼 / 盒，5 盒 / 中盒）

审评结果：

外形：饼形圆润饱满，松紧适度，色泽乌润，金毫撒面

汤色：红浓明亮

香气：糖香、木香

滋味：醇厚协调，滑度高

叶底：色泽褐红，尚嫩匀

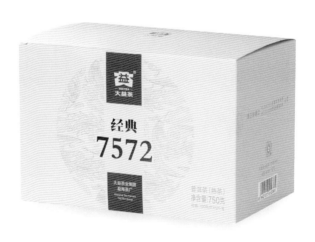

8582（200g）

产品介绍：

    8582 于 1985 年研制成功，是勐海茶厂经典老五样之一，深受广大茶友喜爱。200g8582 于 2022 年研发，专供电商渠道售卖。产品分两种形态：直线盒包装，方便即时品饮；传统中提包装，便于收藏贮存。

重量：	200g/饼
批次：	2201
包装：	直线盒包装（1 饼 / 盒）；中提包装（专用棉纸，专用纸袋，专用中提盒，7 饼 / 袋 / 提）

审评结果：

外形：饼形圆润，松紧适宜

汤色：深黄明亮

香气：清香、甜香、蜜香

滋味：醇和稍浓，微苦涩，余韵果甜，回甘生
津明显

叶底：黄绿，显嫩梗

8592（200g）

产品介绍：

    8592 于 1985 年研制成功，是勐海茶厂经典老五样之一，深受广大茶友喜爱。200g8592 于 2022 年研发，专供电商渠道售卖。产品分两种形态：直线盒包装，方便即时品饮；传统中提包装，便于收藏贮存。

重量：	200g/ 饼
批次：	2201
包装：	直线盒包装（1 饼 / 盒）；中提包装（专用棉纸，专用纸袋，专用中提盒，7 饼 / 袋 / 提）

审评结果：

外形：饼形周正，松紧适度

汤色：褐红明亮

香气：甜香、陈香、木香

滋味：醇和稍厚，汤感滑糯

叶底：色泽褐红，尚匀整，较显梗

岁月陈香

产品介绍：

    岁月陈香熟饼于 2015 年研发成功，面市已有 8 年之久。2022 年，对产品进行了全面升级，以全新的面貌面向大众。

    本产品精选云南澜沧江流域优质大叶种晒青毛茶为原料，经入选国家级非物质文化遗产名录的"大益茶制作技艺"发酵、精制而成。滋味醇正，口感顺滑，细腻甜润，协调性好。

重量：	357g/ 饼
批次：	2201
包装：	专用棉纸，通用纸袋，专用中提盒，7 饼 / 袋 / 提

审评结果：

外形：饼形圆正饱满，松紧适度，显金毫

汤色：红褐

香气：甜香明显，带糖香

滋味：醇正顺滑

叶底：色泽褐红，稍显梗

金针白莲（357g）

产品介绍：

　　"金针白莲"者，其芽紧细似针，金毫突显，是为"金针"；色泽栗色泛灰白，透荷香之气，独具莲韵，是为"白莲"。

　　金针白莲以细嫩晒青毛茶为原料，采用精湛的发酵工艺及拼配工艺制成。汤色褐红，荷香独特，滋味甘醇细腻，品饮与收藏俱佳。

　　该茶为大益皇茶级别熟茶，曾获 2005 年中国国际茶叶博览会金奖。

重量：	357g/ 饼
批次：	2201
包装：	专用棉纸，通用纸袋，专用中提盒，7 饼 / 袋 / 提

审评结果：

外形：饼形饱满圆润，松紧适度，嫩芽紧细似针，显金毫

汤色：红浓明亮

香气：糖香、荷香

滋味：醇厚顺滑，甜度高

叶底：色泽褐红，软嫩，较匀整

金针白莲（250g）

产品介绍：

    金针白莲砖茶属于经典再现产品，与饼茶在规格和销售渠道上有所区分，便于销售推广。本产品以细嫩晒青毛茶为原料，采用现代普洱茶发酵工艺精心制造，发酵适度，嫩芽肥硕显金毫，汤色红浓，香气独特显荷香。

重量：	250g/ 片
批次：	2201
包装：	专用棉纸，专用纸盒，1 片 / 盒，专用中提盒，5 盒 / 提

审评结果：

外形：形状端正，松紧适宜，撒面均匀、显毫

汤色：红浓明亮

香气：糖香飘逸，带荷香

滋味：醇厚

叶底：色泽褐红，嫩匀

小龙柱

产品介绍：

　　小龙柱，精选勐海地区生态茶园中的细嫩芽叶为原料，采用"大益茶制作技艺"精制而成。茶叶条索紧细匀整，金毫显露，汤色红浓明亮，滋味浓醇。

重量：	357g/ 饼
批次：	2201
包装：	专用棉纸，专用中提盒，5 饼 / 提

审评结果：

外形：饼形圆润饱满，金毫显露

汤色：红浓透亮

香气：陈香、甜香

滋味：醇厚，入口稍苦，有回甘

叶底：色泽褐红油润，细嫩柔软，有弹性

醇品普洱

产品介绍:

　　醇品普洱熟茶原料精选勐海高山茶区粗壮陈年茶青为原料,经独特的发酵技术,成熟的拼配方法,精心加工而成。干茶条索肥壮、金毫显露,香气纯正持久,汤色红浓透亮,口感细腻甘醇。为口粮茶的畅销产品。

重量:	357g/饼
批次:	2201
包装:	专用棉纸,通用纸袋,7饼/袋

审评结果：

外形：饼形圆整，条索肥壮，金毫显露

汤色：红浓

香气：糖香，带陈香

滋味：醇厚爽滑

叶底：色泽褐红，尚匀整

翡冷翠

产品介绍：

　　大益普洱生茶翡冷翠，由拼配师反复拼配、试饮，精选云南大叶种晒青茶为原料，经入选国家级非物质文化遗产名录的"大益茶制作技艺"精制而成。饼形端正，条索紧秀，汤色明亮，烟香扬逸，口感甜醇爽滑，回甘自来。

重量：357g/ 饼

批次：2201

包装：专用棉纸，通用纸袋，专用中提盒，7 饼 / 袋 / 提

审评结果：

外形：饼形端正，松紧适宜，条索紧秀

汤色：橙黄明亮

香气：清香、烟香、花香

滋味：醇和稍厚，较协调

叶底：黄绿陈化，尚匀整

玉华浓

产品介绍：

    大益普洱熟茶玉华浓，由大益拼配师反复拼配、调试，精选云南大叶种晒青茶为原料，经入选国家级非物质文化遗产名录的"大益茶制作技艺"加工而成。茶饼端正，条索肥壮，金毫显露，汤色红浓，滋味醇厚润滑。

重量：357g/ 饼

批次：2201

包装：专用棉纸，通用纸袋，专用中提盒，7 饼 / 袋 / 提

审评结果:

外形: 饼形端正,条索肥壮,色泽红褐油润,
金毫显露

汤色: 红浓

香气: 糖香,略显木香

滋味: 醇厚,甜润

叶底: 色泽褐红,稍显梗,尚匀整

和　悦

产品介绍：

　　和悦、和雅，是一组定位节庆送礼的礼盒型产品，分为和悦礼盒、和雅礼盒以及和悦、和雅双饼礼盒。产品选用符合大众审美的红色作为底色，搭配锦鲤、莲花等具有美好寓意的图案，烘托一种喜庆、和谐的节日氛围，是馈赠之佳品。

　　和悦，以云南大叶种晒青毛茶为原料，经入选国家级非物质文化遗产名录的"大益茶制作技艺"制作而成。茶叶饼形端正饱满，条索清晰显毫；茶青经4年岁月沉淀，韵味尤显。

重量：357g/ 饼

批次：2201

包装：礼盒套装（357g/ 饼 / 盒，配手提袋；
生 + 熟双饼 / 盒，配手提袋）

审评结果：

外形：饼形端正饱满，条索清晰显毫

汤色：橙黄明亮

香气：果香、蜜香

滋味：醇正，回甘生津明显

叶底：色泽黄绿，条索肥壮

和 雅

产品介绍：

　　和雅，以云南大叶种晒青毛茶为原料，经入选国家级非物质文化遗产名录的"大益茶制作技艺"制作而成。茶青经5载年华流转，陈韵延绵。

重量：357g/ 饼

批次：2201

包装：礼盒套装（357g/ 饼 / 盒，配手提袋；
生 + 熟双饼 / 盒，配手提袋）

审评结果：

外形：饼形圆润饱满，金毫突显

汤色：红浓明亮

香气：陈香、糖香

滋味：醇厚，细腻爽滑

叶底：色泽红褐，条索肥硕

悟　空

产品介绍：

　　悟空于2015年研发，2022年对原有包装进行了升级。选用了与其他生肖熟茶相同的包装形式，即单盒装＋中盒装，产品便携性更强，在组合销售上也更具优势。

　　本产品选用澜沧江流域优质大叶种晒青毛茶，经入选国家级非物质文化遗产名录的"大益茶制作技艺"精制而成。

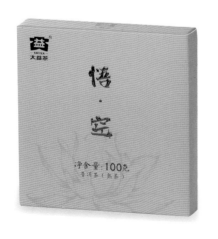

重量：	100g/ 饼
批次：	2201
包装：	普通包装（1 饼 / 盒，5 盒 / 中盒）

审评结果：

外形：饼形端正，条索清晰，金毫显露

汤色：深红

香气：糖香明显

滋味：醇和稍厚，汤质饱满

叶底：色泽褐红，稍泛青

团圆沱茶（生茶）

产品介绍：

　　大益团圆沱生茶，精选云南大叶种晒青茶为原料，经入选国家级非物质文化遗产名录的"大益茶制作技艺"制作而成。棉纸包装，洁净大方，黄底古窗，欢喜在望。

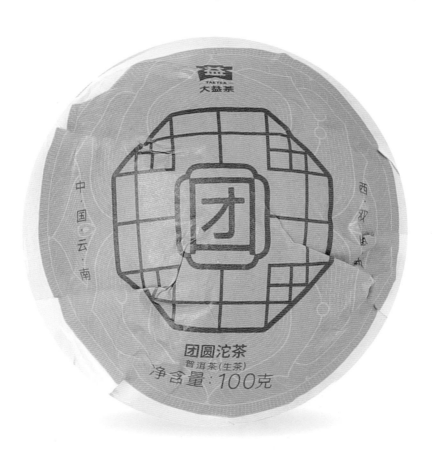

重量:	100g/ 沱
批次:	2201
包装:	普通包装（5 沱 / 袋）

审评结果：

外形：小巧周正，松紧适宜，碗口饱满平整

汤色：橙黄明亮

香气：纯正，烟香、豆香、甜香丰富

滋味：醇厚显苦涩，回甘生津迅猛

叶底：色泽黄绿，尚嫩匀

九子龙珠

产品介绍：

　　九子龙珠设计理念来源于传统文化"龙生九子"，设计师分别手绘了龙之九子的形象——"囚牛""睚眦""嘲风""蒲牢""狻猊""负屃""狴犴""赑屃""螭吻"，形象生动。九子兴游，畅怀天地；龙珠御水，芬芳无限，贴合当下的国潮风。

重量：8g/ 颗

批次：2201

包装：普通包装（8g/ 颗 ×9 颗 / 盒）

审评结果：

外形：金毫显露，玲珑饱满

汤色：红浓明亮

香气：糖香浓郁

滋味：醇和，温润甜滑

叶底：色泽褐红较润，较匀整

紫娟·普洱

产品介绍：

　　紫娟为珍稀茶树品种，因其含有较高的花青素，具有紫茎、紫叶、紫芽的特点，其干茶、汤色、叶底亦呈现紫色。紫娟·普洱生茶，利用其富含花青素的特点，结合当下养生趋势，定位女性客群；产品选用解散茶、独立包装，使冲泡、品饮更加便捷。

重量：	5g/袋
批次：	2201
包装：	普通包装（5g/袋×10袋/盒）

审评结果：

外形：条索紧细，色泽乌黑润亮，透紫

汤色：靛紫

香气：香型丰富，花香、糯香、清香浓郁

滋味：醇厚，涩感稍显

叶底：色泽靛青，尚嫩匀

陈皮·普洱

产品介绍：

  陈皮·普洱精选地理标志保护范围内的广东新会陈皮丝与云南普洱茶加工而成。双地标产物的结合，顺应当下养生趋势，定位女性客群；产品选用独立包装，使冲泡、品饮更加便捷。

重量：	5g/袋
批次：	2201
包装：	普通包装（5g/袋 ×10袋/盒）

审评结果：

外形：茶叶褐润、匀净带嫩梗，陈皮丝分布均匀

汤色：红亮

香气：陈香浓郁，融合柑甜香

滋味：醇润甜滑，柑味浓郁

叶底：色泽红褐、油润有光泽，陈皮丝橙红有光泽，质地柔韧

东莞大益产品

五子登科

产品介绍：

　　本产品选用云南大叶种晒青毛茶为原料，经入选国家级非物质文化遗产名录的"大益茶制作技艺"发酵、精制而成。在老版150g五子登科的基础上稍微加大了饼径，饼形饱满圆正，小巧可人，松紧适宜、条索匀整，金毫突显。棉纸包装设计给人俏皮、得意的喜感。包装升级为迷你中提盒，便于携带和储藏。本产品于2022年面市。

重量：	150g/ 饼
批次：	2101
类别：	中提类
包装：	专用棉纸，专用纸袋，专用提盒，5饼/盒

审评结果：

外形：饼形饱满圆正，松紧适宜，
　　　条索匀整，金毫突显

汤色：红浓明亮

香气：陈香浓郁、持久

滋味：浓醇饱满、顺滑细腻

叶底：色泽褐红，发酵红熟，嫩匀、
　　　富弹性

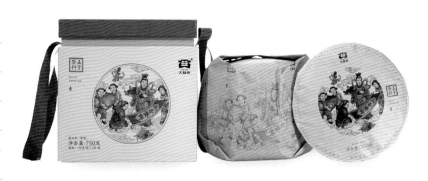

福禄双喜沱茶（生茶）

产品介绍：

　　本产品精选云南大叶种晒青毛茶为原料，经入选国家级非物质文化遗产名录的"大益茶制作技艺"加工而成。以中国传统的"福禄"文化为开发理念，以高山茶青凝结丰厚内质，3沱为一提，配以精致礼盒，祥云配搭金蝠，瑞气萦绕，百福具臻，象征福运绵长的美好寓意。

重量：	250g/沱
批次：	2201
类别：	中提类
包装：	专用棉纸，专用提盒，3沱/盒

审评结果：

外形：沱形周正，碗口饱满平整，松紧适宜，
　　　显银毫

汤色：深黄明亮

香气：清香带花香，持久

滋味：醇和、清爽，回甘生津快

叶底：色泽黄绿，舒展、较嫩匀、显梗

福禄双喜沱茶（熟茶）

产品介绍：

　　本产品选用云南大叶种晒青毛茶为原料，经入选国家级非物质文化遗产名录的"大益茶制作技艺"发酵、精制而成。以中国传统的"福禄"文化为开发理念，以高山茶青凝结丰厚内质，3沱为一提，配以精致礼盒，祥云配搭金蝠，瑞气萦绕，百福具臻，象征福运绵长的美好寓意。

重量：	250g/ 沱
批次：	2201
类别：	中提类
包装：	专用棉纸，专用提盒，3沱/盒

审评结果：

外形：沱形周正，碗口饱满平整，松紧适宜，
　　　显毫，稍有嫩梗

汤色：红浓明亮

香气：陈香浓郁，带甜香，持久

滋味：醇滑饱满、细腻

叶底：色泽褐红，尚嫩匀

碧雪凝香

产品介绍:

　　本产品选用云南元江县盛花期茉莉与勐海 8 年陈普洱搭配,采用传统工艺窨制,经入选国家级非物质文化遗产名录的"大益茶制作技艺"加工而成。以茶为骨,以花为肌,滋味独特,品质至臻。本产品于 2022 年面市。

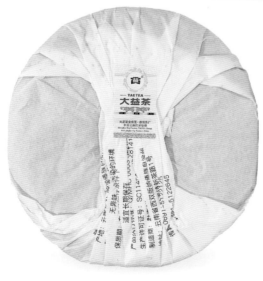

重量:	357g/ 饼
批次:	2101
类别:	礼盒类
包装:	单饼礼盒装(1 饼 / 盒,配手提袋)

审评结果：

外形：饼形周正，松紧适度，条索清晰

汤色：橙黄明亮

香气：茉香馥郁，带陈香

滋味：醇和，饮后唇齿留香

叶底：色泽黄绿显陈，舒展、较嫩匀

月映芳华（生茶）

产品介绍：

　　精选云南大叶种晒青毛茶为原料，历经 6 年时光自然醇化。经入选国家级非物质文化遗产名录的"大益茶制作技艺"精制而成，陈韵初显。

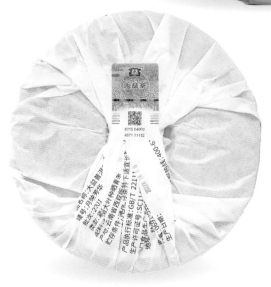

重量：	357g/ 饼
批次：	2201
类别：	礼盒类
包装：	单饼礼盒装（1 饼/盒，配手提袋）

审评结果：

外形：饼形端正饱满，松紧适度，条索
　　　紧结，撒面均匀

汤色：橙黄明亮

香气：蜜甜香转陈香，带烟香

滋味：浓厚饱满，回甘生津好

叶底：色泽黄绿转陈，较匀整

月映芳华（熟茶）

产品介绍：

    本产品选用云南大叶种晒青毛茶为原料，经入选国家级非物质文化遗产名录的"大益茶制作技艺"发酵、精制而成，甜香浓郁，醇滑黏稠。

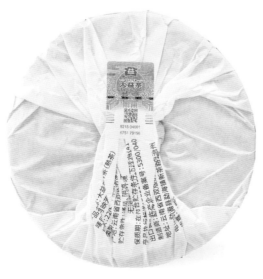

重量：	357g/饼
批次：	2201
类别：	礼盒类
包装：	单饼礼盒装（1饼/盒，配手提袋）

审评结果：

外形：饼形圆润饱满，松紧适宜，色泽
　　　褐红，撒面较显金毫

汤色：红浓明亮

香气：陈香纯正，甜香浓郁

滋味：入口甜润，醇滑黏稠

叶底：色泽褐红，较匀整，稍显梗

五福临门（礼盒）

产品介绍：

　　礼盒内含福、寿、禧三款熟茶，禄、财两款生茶，生熟搭配，一款礼盒可品饮到五款大益普洱的不同风味。每款茶饼为100g小饼，饼形圆整，品相玲珑喜人。

五福临门·福（熟茶）

重量：100g/ 饼

批次：2201

类别：礼盒类

包装：礼盒装（100g/ 饼 ×5 饼 / 盒，配手提袋）

审评结果：

外形：饼形圆润饱满，松紧适度，条索紧细，撒面均匀，显金毫

汤色：红浓明亮

香气：陈香显著，带甜香

滋味：醇厚饱满，甜润顺滑

叶底：色泽褐红，较匀整，稍显细梗

五福临门·禄（生茶）

重量：100g/ 饼

批次：2201

类别：礼盒类

包装：礼盒装（100g/ 饼 ×5 饼 / 盒，
配手提袋）

审评结果：

外形：饼形端正圆整，松紧适度，条索紧结，
显芽毫

汤色：橙黄明亮

香气：果甜香转陈香

滋味：浓厚饱满

叶底：色泽黄绿转陈，较嫩匀

五福临门·寿（熟茶）

重量：100g/ 饼

批次：2201

类别：礼盒类

包装：礼盒装（100g/ 饼 ×5 饼 / 盒，
配手提袋）

审评结果：

外形：饼形圆润饱满，松紧适度，条索紧细，
撒面均匀、金毫显露

汤色：红浓明亮

香气：陈香纯正

滋味：醇厚顺滑

叶底：色泽褐红，较嫩匀，稍显嫩梗

五福临门·禧（熟茶）

重量：100g/ 饼

批次：2201

类别：礼盒类

包装：礼盒装（100g/ 饼 ×5 饼 / 盒，
配手提袋）

审评结果：

外形：饼形周正厚实，松紧适度，条索粗壮显梗

汤色：红浓明亮

香气：陈香，带木香

滋味：醇滑甜润

叶底：色泽褐红，显粗老梗

五福临门·财（生茶）

审评结果：

重量：100g/ 饼

批次：2201

类别：礼盒类

包装：礼盒装（100g/ 饼 ×5 饼 / 盒，
配手提袋）

外形：饼形端正圆整，松紧适度，条索清晰肥壮，
稍显梗

汤色：橙黄明亮

香气：果甜香显著，陈香悠悠

滋味：醇和，回甘生津明显

叶底：色泽黄绿转陈，尚嫩匀

花好月圆（礼盒）

产品介绍：

    本茶品是 2022 年客户定制的一款中秋档小饼茶产品，在 2021 年的产品基础上更新了包装颜色，更加明亮。精选云南大叶种晒青毛茶为原料，经入选国家级非物质文化遗产名录的"大益茶制作技艺"加工而成。生熟搭配，小巧精致。

花好月圆（生茶）

重量：100g/ 饼

批次：2201

类别：礼盒类

包装：礼盒装（2 饼生茶 +2 饼熟茶）

审评结果：

外形：饼形端正，松紧适度，撒面均匀

汤色：黄亮

香气：清香纯正

滋味：醇和

叶底：色泽黄绿，尚嫩匀，稍显梗

花好月圆（熟茶）

重量：100g/ 饼

批次：2201

类别：礼盒类

包装：礼盒装（2 饼生茶 +2 饼熟茶）

审评结果：

外形：饼形端正，松紧适度，撒面均匀、稍显金毫

汤色：红浓明亮

香气：陈香纯正

滋味：醇滑甜润

叶底：色泽红褐，较粗壮、显梗

四季春

产品介绍：

　　本产品精选云南大叶种晒青毛茶为原料，经入选国家级非物质文化遗产名录的"大益茶制作技艺"加工而成。以傣族人民心中的吉祥鸟"孔雀"为主题，蕴含着对广大茶友"四季平安、爱情甜蜜"的美好祝福。

重量：	357g/饼
批次：	2201
类别：	礼盒类
包装：	单饼礼盒装（1饼/盒，配手提袋）

审评结果:

外形:	饼形端正饱满，松紧适宜，条索 紧结，撒面均匀
汤色:	黄亮
香气:	清香纯正，带花香
滋味:	醇厚、香甜，回甘生津快
叶底:	色泽黄绿，尚嫩匀

五福传家

产品介绍：

本茶品精选云南大叶种晒青毛茶为原料，经入选国家级非物质文化遗产名录的"大益茶制作技艺"发酵、精制而成。

重量：357g/饼

批次：2201

类别：礼盒类、中提装

包装：单饼礼盒装（1饼/盒，配手提袋）；中提装（专用棉纸、通用纸袋，专用中提，7饼/袋/提）

审评结果：

外形：饼形周正，松紧适度，条索肥硕、
　　　显金毫，撒面均匀

汤色：红浓明亮

香气：陈香纯正，带甜香

滋味：醇滑细腻

叶底：色泽褐红，尚嫩匀，稍显梗

秋 水

产品介绍：

    本茶品精选云南大叶种晒青毛茶为原料，经入选国家级非物质文化遗产名录的"大益茶制作技艺"发酵、精制而成。

重量：	357g/饼
批次：	2201
类别：	礼盒类
包装：	单饼礼盒装（1饼/盒，配手提袋）

审评结果：

外形：饼形周正，松紧适度，条索肥硕、显金毫，撒面均匀

汤色：红浓明亮

香气：陈香纯正、持久

滋味：醇滑饱满

叶底：色泽褐红，较嫩匀，稍显梗

锐捷网络上市纪念珍藏

产品介绍：

    本产品精选云南大叶种晒青毛茶为原料，经入选国家级非物质文化遗产名录的"大益茶制作技艺"加工而成。本产品为锐捷网络上市纪念珍藏定制产品。

重量：	357g/ 饼
批次：	2201
类别：	礼盒类
包装：	单饼礼盒装（1 饼/盒，配手提袋）

审评结果：

外形：饼形端正饱满，松紧适宜，条索清晰，银毫撒面

汤色：黄亮

香气：清香纯正，带花蜜香

滋味：醇厚、香甜，回甘生津快

叶底：色泽绿黄，嫩匀

国色天香

产品介绍：

　　本品精选云南勐海茶区优质大叶种晒青毛茶为原料，经入选国家级非物质文化遗产名录的"大益茶制作技艺"精制而成，色泽乌润，条索肥壮，滋味强劲，茶香丰腴，茶心同璧。

重量：	357g/ 饼
批次：	2201
包装：	专用棉纸，通用纸袋，专用中提，7 饼 / 袋 / 提，专用外箱 5kg 成件，2 提 / 件

审评结果：

外形：饼形圆正饱满，色泽乌润，条索肥壮

汤色：黄亮璀璨

香气：丰腴，烟香裹着蜜香、花香和清香，层层散开，雍容典雅

滋味：强劲，口感丰富，生津迅速，回甘持久，余味悠长

叶底：肥润舒展

柔·似锦（散茶）

产品介绍：

    该茶品是新开发的散茶系列中的较高级别产品，丰富了散茶产品线，包装精美、独立袋装、上档次，方便品饮。

    该茶品臻选3级茶青而成，茶质柔滑似锦，入口醇厚饱满，有两种包装礼盒，第一种礼盒每盒有2小罐；第二种礼盒每盒有4小罐，规格升级让"年"更添温情，满足阖家品饮。

重量：	180g/ 盒；360g/ 盒
批次：	2201
类别：	散茶
包装：	盒装

审评结果：

外形：条索尚紧结，匀整，色泽褐润尚显毫，
　　　匀净带嫩梗

汤色：红亮

香气：陈香纯正，带甜香

滋味：醇滑、黏稠

叶底：色泽褐红，粗壮，尚嫩匀

醇·芳华（散茶）

产品介绍：

　　该茶品是新开发的散茶系列中的高级别产品，丰富了散茶产品线。在以往大益一级散茶的基础上改变了单袋重量和盒装重量，包装精美、独立袋装、上档次，方便品饮。

重量：	180g/ 盒
批次：	2201
类别：	散茶
包装：	盒装

审评结果：

外形：条索紧结，匀整，色泽红褐润，
　　　显金毫

汤色：红浓明亮

香气：陈香显著、持久

滋味：醇厚、饱满、甜润

叶底：色泽红褐，较嫩匀

和·君悦（散茶）

产品介绍：

　　该茶品是新开发的散茶系列中的高级别产品，丰富了散茶产品线，选用宫廷级别原料，包装精美、独立袋装、上档次，方便品饮。

重量：	180g/盒
批次：	2201
类别：	散茶
包装：	盒装

大益茶典
贰零贰贰
茶品篇

审评结果：

外形：条索紧细、匀整，色泽褐红油润，金毫突显

汤色：红浓明亮

香气：陈香显著、糖香持久

滋味：醇厚、饱满、润滑

叶底：色泽红褐、柔嫩

国色天香（散茶）

产品介绍：

　　该类型茶品是客户定制的散茶畅销产品，包装大气、上档次，方便品饮。

重量：500g/ 罐
批次：2201
类别：散茶
包装：罐装

审评结果：

外形：条索紧细，色泽灰褐，有金毫

汤色：红浓明亮

香气：陈香纯正

滋味：醇和、润滑

叶底：色泽褐红，较匀整

鸿福（散茶）

产品介绍：

　　该类型茶品是客户定制的散茶畅销产品，包装大气、上档次，方便品饮。

重量：500g/ 罐

批次：2201

类别：散茶

包装：罐装

审评结果：

外形：条索紧细，色泽灰褐，有金毫

汤色：红浓明亮

香气：陈香纯正

滋味：醇和、润滑

叶底：色泽褐红，较匀整

经典普洱

产品介绍：

　　本茶品精选勐海优质云南大叶种晒青毛茶，历经自然醇化，以"大益茶制作技艺"精心制作，采用全球先进的袋泡茶设备加工而成。

经典普洱生茶

重量：90g（1.8g/袋 ×50袋）

类别：袋泡茶

包装：盒装

审评结果：

汤色：橙黄明亮

香气：清香纯正，带陈香

滋味：醇厚

叶底：色泽暗绿，匀碎

经典普洱熟茶

重量：90g（1.8g/袋 ×50袋）

类别：袋泡茶

包装：盒装

审评结果：

汤色：红浓透亮

香气：陈香纯正，带甜香

滋味：醇和

叶底：色泽红褐，匀碎

大益金柑普

产品介绍：

采用具有"千年人参，百年陈皮"之美誉的"中国陈皮之乡"的新会柑与大益普洱茶为原料，不添加食品添加剂，经拼配工艺加工而成。

融合了云南普洱茶特有的醇厚、甘香、爽滑之韵，与新会柑清醇的果香之味，两者相互吸收，互相融合，互为表里，从而形成了风味独特、韵味十足的大益金柑普。

小青柑（梅江）

重量：	130g/ 盒
类别：	新会柑普洱茶
包装：	盒装

审评结果：

汤色：	红亮
香气：	柑香高扬
滋味：	醇和爽滑、柑味悠长
叶底：	色泽红褐，嫩匀，条索紧细

大红柑（金罐）

重量：200g/ 盒

类别：新会柑普洱茶

包装：盒装

审评结果：

汤色：红亮

香气：甜香突显

滋味：醇滑、甜润

叶底：色泽红褐，尚匀齐、显坨块

大益金柑普——陈皮系列

产品介绍：

  采用具有"千年人参，百年陈皮"之美誉的"中国陈皮之乡"的新会陈皮，形状如若三瓣，片张反卷，汤色金黄通透，气味清香，甜润顺滑，伴随回甘。

新会陈皮（3年陈）

重量：300g/ 提

类别：陈皮系列

包装：提装

审评结果：

汤色：金黄明亮

香气：甜香纯正

滋味：甘甜润滑

叶底：色泽橙红

新会陈皮（定制3年陈）

重量：200g/ 盒

类别：陈皮系列

包装：盒装

审评结果：

汤色：金黄明亮

香气：甜香纯正

滋味：甘甜润滑

叶底：色泽橙红

新会陈皮（5年陈）

重量：300g/ 提

类别：陈皮系列

包装：提装

审评结果：

汤色：金黄通透

香气：陈香纯正

滋味：甜醇润滑

叶底：色泽棕红

宫廷珍藏·新会陈皮（新春版 组合装250g）

产品介绍：

　　本产品采用宫廷普洱散茶与新会陈皮搭配，两者结合，越陈越香、相得益彰，陈香显著、甘甜醇滑。

　　宫廷普洱熟茶以云南大叶种晒青毛茶为原料，经入选国家级非物质文化遗产名录的"大益茶制作技艺"发酵后，百里挑一选取茶中细芽，以萃金毫而成。茶汤汤色红浓，莹润透亮。滋味醇和甜润，汤香陈郁，口感稠柔细腻，丝滑如绢。

　　5年陈·新会陈皮精选新会柑核心产区自然生长熟透柑果为原料，经过传统工艺加工，陈化5年而成。皮呈三瓣状，瓣瓣相连，片张反卷。由于新会陈皮含有丰富的挥发油成分，随着年月增长，陈皮滋味会愈发甘、香、醇、陈。

重量：250g/盒
类别：组合
包装：盒装（200g/罐茶叶+50g/罐陈皮）

审评结果：

1. 宫廷珍藏（熟散茶）

外形：色泽褐润，条索紧细、匀整，金毫突显

汤色：红浓明亮

香气：陈香浓郁，持久

滋味：醇滑饱满、甜醇细腻

叶底：色泽红褐，柔嫩

2. 新会陈皮

汤色：金黄通透

香气：陈香纯正

滋味：甜醇润滑

叶底：色泽棕红

3. 宫廷珍藏·新会陈皮

汤色：红浓明亮

香气：陈香浓郁，果甜香明显

滋味：醇厚饱满，甜润，陈韵悠长

叶底：（茶叶）色泽红褐、柔嫩

　　　（陈皮）色泽棕红，有光泽，质地柔韧

大益茶庭产品

城市尖味饼茶系列

沪·繁花萃

产品介绍：

　　本品整体饼面以玉兰花为主元素，在云雾中若隐若现的上海高楼，让这座城市不止有温度，也有高度。重叠的玉兰点缀文字之间，高处的风光与市井点点繁灯，熠熠生辉，光影流动。

　　本产品精选云南高海拔茶区优质大叶种晒青毛茶为原料，经由勐海茶厂原仓陈化6年以上，以入选国家级非物质文化遗产名录的"大益茶制作技艺"精制而成。

　　本品于2022年面市。

重量：357g/饼

批次：2101

包装：专用棉纸，专用礼盒，1饼/盒，配手提袋

审评结果：

外形：饼形圆润饱满，条索清晰壮实，芽头肥硕显毫

汤色：橙黄明亮

香气：蜜香馥郁，带陈香

滋味：细腻柔顺，滋味饱满，回甘生津绵长

叶底：匀整清晰，弹润饱满

沪·秋霞飞

产品介绍：

　　本品整体饼面以霞光黄为基色，江畔的暖风吹拂，传达出清茶赋予的温暖，也传递了城市赋予的温情。棉纸表面芦苇荡漾，涟漪出对旧时光的怀念，展开了一场对在地文化质朴情怀的致敬。

　　本产品精选勐海区域高海拔优质大叶种晒青毛茶为原料，经入选国家级非物质文化遗产名录的"大益茶制作技艺"发酵、精心研制而成。

　　本品于 2022 年面市。

重量：	357g/ 饼
批次：	2101
包装：	专用棉纸，专用礼盒，1 饼 / 盒，配手提袋

审评结果：

外形：饼形圆润饱满，撒面细嫩，金毫显

汤色：红亮

香气：枣香馥郁，带糖香

滋味：细腻甜润，醇正稠滑

叶底：柔软肥嫩，红褐油润

云·峰之脉

产品介绍:

　　面朝五云南国，山脉连绵壮阔。旷野之息，万物骋怀，这里的千山万树繁衍了茶之命脉。以手轻触黄色砂岩，仿佛感应到曾经掠过的风和候鸟。岁月峥嵘，赋予了群峰自由生机。

　　该品精选云南省内众多高海拔优质大叶种晒青毛茶为原料，汇集多姿生态，广采高山大树精华。经由勐海茶厂原仓陈化10年，以入选国家级非物质文化遗产名录的"大益茶制作技艺"精制而成。

重量:	357g/饼
批次:	2201
包装:	专用棉纸，专用礼盒，1饼/盒，配手提袋

审评结果：

外形：饼形圆润饱满，条索清晰完整，芽头
　　　肥硕显毫

汤色：橙黄明亮

香气：香型丰富，果蜜香显，带烟陈香

滋味：浓醇饱满，回甘生津迅猛

叶底：色泽绿黄显陈韵，条索匀整显长茎

云·露之源

产品介绍：

身临彩云之南，水源清澈甘润。麟步鸥舞，山河集情，这里的香岚清波是一源井的起源。以手掬起蓝色水雾，似观赏轻歌曼舞的民族律动，时光流淌，滋养了生灵多样风情。

本品精选勐海茶区高海拔优质大叶种晒青毛茶为原料，经入选国家级非物质文化遗产名录的"大益茶制作技艺"发酵、精心研制而成。

重量：	357g/ 饼
批次：	2201
包装：	专用棉纸，专用礼盒，1 饼 / 盒，配手提袋

审评结果：

外形：饼形丰润饱满，条索肥硕，金毫显

汤色：红浓明亮

香气：糖香浓郁，带果甜香

滋味：醇厚爽滑，甜润持久

叶底：褐红肥润，稍显嫩茎嫩梗

经典年份小罐系列

　　我们为所有想要尝试了解"年份普洱"的茶友们，臻选了最具大益风格的 3 款茶，带你感受大益普洱打动人心的独特之处。

15 年陈 · 7542 （70g/ 罐）

　　自 20 世纪 70 年代中期问世至今，"7542"和"7572"卓越而恒定的品质，在 47 年悠悠岁月中打造出这一对普洱茶界的传奇。这两个数字，代表着大益"拼配"和"发酵"两大核心工艺，也承载着大益几代茶人的经验与智慧。两款经典数十年如一的纯正口味和稳定品质，协调丰富的品饮感受，"不偏不倚"的"中和"境界，是每个普洱茶友从初饮到热爱，依然念念不忘的味道。

重量：70g/ 罐

批次：2201

包装：马口铁密封罐（24 罐/ 箱）

审评结果：

外形：条索肥壮，芽叶清晰

汤色：橙黄明亮

香气：果蜜香丰富，陈香显

滋味：醇厚饱满，回甘生津持久

叶底：匀整清晰

15 年陈·7572 （70g/罐）

自 20 世纪 70 年代中期问世至今，"7542" 和 "7572" 卓越而恒定的品质，在 47 年悠悠岁月中打造出这一对普洱茶界的传奇。这两个数字，代表着大益 "拼配" 和 "发酵" 两大核心工艺，也承载着大益几代茶人的经验与智慧。两款经典数十年如一的纯正口味和稳定品质，协调丰富的品饮感受，"不偏不倚" 的 "中和" 境界，是每个普洱茶友从初饮到热爱，依然念念不忘的味道。

重量：70g/ 罐

批次：2201

包装：马口铁密封罐（24 罐 / 箱）

审评结果：

外形：条索肥嫩，显金毫

汤色：红浓明亮

香气：焦糖香明显带甜香，陈香纯正

滋味：醇厚饱满，稠滑甜润

叶底：红褐柔软

10年陈·老茶头（70g/罐）

　　大益首款老茶头，诞生于2006年，一位大益茶师发酵时偶然的发现，造就了后世独门制茶技艺的传奇。产品采用存放多年的熟茶茶头混拼蒸压而成，历经10年陈化，褪去了渥堆气息，品饮极具韵味。

重量：70g/罐

批次：2201

包装：马口铁密封罐（24罐/箱）

审评结果：

外形：颗粒紧实

汤色：红艳明亮

香气：糖香浓郁持久，陈香纯正带枣香

滋味：浓稠顺滑，醇润香甜

叶底：柔软，多颗粒状，清晰匀整

小青柑·青春版

产品介绍：

　　该产品此次使用了更为轻薄的纸质包装，方正的盒型更便于桌面的收纳，还随机加入了"Lucky Golden"金色球，代表着自信和幸运的一颗金色小青柑，总会在某个瞬间会来到你的身边。

　　我们采摘了新会专业柑园7—8月份上好的小青柑新鲜柑果，果子壮实、果皮油室饱满。每一颗都经过清洗、分级等百余道工序精制而成，再加上大益勐海茶厂宫廷级的普洱熟茶作为原料，金毫显露、芽头饱满，工艺品质上乘。让普洱熟茶的香气与滋味和新鲜柑果融合得更为美妙，冷热皆宜，冲泡之后，柔嫩的叶底显露，一杯好茶清晰可见。

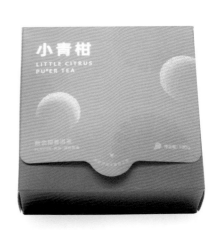

重量：130g/盒

包装：纸盒多粒装（24盒/箱）

审评结果：

外形：果子壮实，油室饱满，挂白霜，
　　　芽叶细嫩，金芽显露

汤色：红浓明亮

香气：柑香茶香交织，清新悠扬

滋味：醇厚饱满，甜润耐泡

叶底：果皮柔软，茶叶匀整

6MIX 缤纷普洱六味合集

产品介绍：

    本产品共有菊花、茉莉、陈皮、玫瑰4种花草口味，以花入茶，轻养慢调。再加上10年陈经典普洱生茶、熟茶2款原叶茶，让你感受花与普洱美妙结合的同时，也能感受到历经时光沉淀与变化的醇厚普洱茶滋味。可热泡，可冷萃，多重体验，多样感受。

重量：51g/盒（2.5g×6袋+3g×12袋）

包装：卡纸撕拉盒（24盒/箱）

经典普洱（生茶，2.5g/袋）

审评结果：

外形：条索清晰，芽毫显露

汤色：橙黄明亮

香气：果香蜜甜，显陈香

滋味：醇厚柔和，回甘持久

叶底：匀整清晰

经典普洱（熟茶，2.5g/袋）

审评结果：

外形：条索清晰，金芽显露

汤色：红浓明亮

香气：糖香饱满，陈香明显

滋味：醇厚饱满，稠滑甜润

叶底：红褐柔软

菊花普洱（3g/袋）

审评结果：

外形：条索清晰，花形美好

汤色：红亮

香气：菊香悠长，清甜芬芳

滋味：醇和清甜

叶底：匀净

陈皮普洱（3g/袋）

审评结果：

外形：条索清晰饱满

汤色：红浓明亮

香气：陈皮香显，果香清新

滋味：醇滑甜润

叶底：匀净

大益茶典

贰零贰贰

◇ 茶品篇

茉莉普洱（3g/袋）

审评结果：

外形：条索清晰，花容素雅

汤色：橙黄明亮

香气：茉莉香持久，清香高扬

滋味：清甜鲜爽

叶底：匀净

玫瑰普洱（3g/袋）

审评结果：

外形：条索清晰，花容饱满

汤色：红亮

香气：花香馥郁，甜香十足

滋味：醇和适宜有酸甜

叶底：匀净

大益膳房产品

福气（生茶）

产品介绍：

    产品包装画面以葫芦、蝴蝶为主要设计元素。葫芦谐音福禄，福禄代表的是福星和禄星，福星代表幸运之意，禄星象征步步高升；蝴蝶谐音福迭，迭有多次之意，福迭意味福多。葫芦与蝴蝶的组合寓意福气满满。

    精选普洱茶优质产区大叶种晒青毛茶为原料，采用入选国家级非物质文化遗产名录的"大益茶制作技艺"精制而成。

重量：	357g/ 饼
批次：	2201
包装：	专用棉纸，通用纸袋，通用外箱 15kg 成件

审评结果：

外形：饼形圆润端正，松紧适度，撒面均匀，
　　　显白毫，条索匀整

汤色：黄亮

香气：花香、甜香

滋味：醇厚，稍显苦涩

叶底：黄绿显陈，稍显梗，尚匀

长安九天（生茶）

产品介绍：

　　产品得名于王维的诗句"九天阊阖开宫殿，万国衣冠拜冕旒"。包装画面以大明宫主建筑"含元殿"为主要设计元素，描绘长安大明宫所展现的皇家宫廷宏伟、磅礴、华贵与威严。精选云南勐海茶区 6 年陈优质大叶种晒青毛茶为原料，经入选国家级非物质文化遗产名录的"大益茶制作技艺"精制而成。

重量：	250g/ 片
批次：	2201
包装：	专用纸盒，1 片 1 盒，专用外箱 10kg 成件，40 盒 / 件

审评结果：

外形：砖形方正，厚薄均匀，条索粗壮，松紧适度

汤色：橙黄明亮

香气：蜜香高扬，陈香初显

滋味：醇厚饱满，生津快，回甘持久，韵味十足

叶底：条索舒展，芽叶粗壮，色泽油润

长安九天（熟茶）

产品介绍：

产品得名于王维的诗句"九天阊阖开宫殿，万国衣冠拜冕旒"。包装画面以大明宫主建筑"含元殿"为主要设计元素，描绘长安大明宫所展现的皇家宫廷宏伟、磅礴、华贵与威严。精选云南勐海茶区 6 年陈优质大叶种晒青毛茶为原料，经入选国家级非物质文化遗产名录的"大益茶制作技艺"发酵、精心研制而成。

重量：250g/ 片

批次：2201

包装：专用纸盒，1 片 1 盒，专用外箱 10kg 成件，40 盒 / 件

审评结果：

外形：砖形方正，厚薄均匀，松紧适度，较显金毫

汤色：红浓透亮

香气：糖香馥郁，显枣香

滋味：醇正饱满，入口甜柔顺滑，协调性佳

叶底：色泽褐红，尚匀整

国粹（生茶）

产品介绍：

国粹，是指一个国家固有文化中的精华。中国国粹是中华民族传统文化中最具有代表性、最富有独特内涵而深受人们喜爱的文化遗产，该产品名字来源于此。

精选普洱茶核心产区陈年高山大树茶为主要原料，经入选国家级非物质文化遗产名录的"大益茶制作技艺"精制而成，配方经典，品质卓绝。

重量：357g/ 饼

批次：2201

包装：专用棉纸，通用纸袋，专用中提，专用外箱 15kg 成件

审评结果：

外形：饼面乌润大气，饼形圆润饱满，银芽璀璨，黑条壮硕，苍劲有力

汤色：金色油亮，犹如蜜蜡，妙若琼浆，丰盈有光泽

香气：干茶蜜烟香高扬；开汤果香、蜜香、烟香交融，烟香入汤，持久不散

滋味：入口爆烟香，苦韵霸劲，回甘生津猛若泉涌，喉韵酣畅，满口烟甜，茶气浑厚

叶底：条索舒展，柔韧鲜活，肥厚硕实

微生物公司产品

益原素风味普洱茶晶

产品介绍：

　　该产品严选优质花草原料，搭配益原素发酵茶，科学配比，萃取冻干而成。滋味丰富，花香、果香、茶香融为一体，健康又好喝。

　　3秒速溶，没有茶渣，冷水、热水均可冲泡，时尚便携。茶晶风味来自于普洱熟茶及草本原材料，香气自然，口感纯净。

　　现有5种风味：桑叶玉米须风味、菊花枸杞风味、玫瑰风味、桂圆红枣风味、桂花雪梨风味。

桑叶玉米须风味普洱茶晶

规格：0.5g×14 袋 / 盒

配料表：普洱熟茶（益原素）、桑叶、玉米须

冲泡建议：1 袋茶晶加入 200~300mL 冷水或者热水，搅拌均匀即可

口感特点：桑叶清香，玉米须糯甜，厚实醇滑

菊花枸杞风味普洱茶晶

规格：0.5g×14 袋 / 盒

配料表：普洱熟茶（益原素）、菊花、枸杞、红枣

冲泡建议：1 袋茶晶加入 200~300mL 冷水或者热水，搅拌均匀即可

口感特点：菊香清新，甜香静谧，陈香纯正

玫瑰风味普洱茶晶

规格：0.5g×14 袋／盒

配料表：普洱熟茶（益原素）、玫瑰花（重瓣红玫瑰）

冲泡建议：1 袋茶晶加入 200~300mL 冷水或者热水，搅拌均匀即可

口感特点：馥郁花香，醇香饱满

桂圆红枣风味普洱茶晶

规格：0.8g×14 袋 / 盒

配料表：普洱熟茶（益原素）、红枣、桂圆

冲泡建议：1 袋茶晶加入 200~300mL 冷水或者热水，搅拌均匀即可

口感特点：若羌枣香，桂圆甜润，醇香顺滑

桂花雪梨风味普洱茶晶

规格：1g×14袋/盒

配料表：普洱熟茶（益原素）、桂花、雪梨粉

冲泡建议：1袋茶晶加入500mL冷水或者热水，搅拌均匀即可

口感特点：桂花唇齿留香，雪梨清甜柔润，温润醇滑

益华产品

素年锦时

产品介绍：

　　本产品精选云南大叶种晒青毛茶为原料，经入选国家级非物质文化遗产名录的"大益茶制作技艺"精制而成。本产品于 2022 年面市。

重量：	357g/ 饼
批次：	2101
包装：	专用棉纸，通用纸袋，7 饼 / 袋，通用外箱 15kg 成件，6 袋 / 件

审评结果：

外形：饼形端正，松紧适度，稍显白毫

汤色：深黄明亮

香气：烟香，略带陈香

滋味：醇厚，苦涩协调，回甘生津

叶底：色泽绿黄，较匀整

醇 饮

产品介绍：

  本产品精选勐海茶区优质大叶种晒青毛茶为原料，经入选国家级非物质文化遗产名录的"大益茶制作技艺"发酵，经 2 年时光自然醇化而成。本产品于 2022 年面市。

重量：357g/ 饼

批次：2101

包装：专用棉纸，通用纸袋，7 饼 / 袋，通用外箱 15kg 成件，6 袋 / 件

审评结果：

外形：饼形圆整，松紧适度，条索粗壮，稍显金毫

汤色：红亮

香气：甜香纯正

滋味：甜醇顺滑

叶底：色泽褐红，显梗

茶器篇

CHA QI PIAN

大益茶典

紫玉金砂

笑樱壶

泥料：紫泥
容量：250mL

产品介绍：笑樱壶，器型古朴端庄，壶身饱满灵动，壶盖微微隆起，口盖严丝合缝，壶肩棱线层次分明。三弯壶嘴，张力十足，如意飞把，抓握舒适。壶型柔美婉约，极富浪漫主义色彩，恰如"婴宁一笑解千愁"，有种对过去一笑而过，对未来安然以待，中庸淡泊的处世态度。

汉瓦壶

泥料：紫泥
容量：200mL

大益茶典
贰零贰贰
茶器篇

186

产品介绍：汉瓦壶，壶身呈圆柱形，看似直上直下，中间却有拱起，张力十足。壶钮开孔呈如意纹样，壶口大开，壶身空间大，便于投茶和茶叶舒展。耳形壶把，抓握舒适，直流嘴挺拔有力。整体线条简洁，形体舒适且具神韵，设计上空间明快，有端庄古朴之意境。

仿古壶

泥料：紫泥
容量：200mL

　　产品介绍：仿古壶，因其壶身仿照牛皮鼓，也称仿鼓壶，象征击鼓而歌的奋发精神。身筒呈鼓形，壶腹圆满，壶钮稍扁，精致小巧，二弯壶嘴胥出自然，整体线条圆融，称手自如，亦有圆圆满满之寓意。

乐竹·石瓢壶

泥料：紫泥
容量：170mL

　　产品介绍：乐竹·石瓢壶，壶身为硬朗的三角形形体，底部和腹部线条平滑，壶口较小，十分秀气。壶钮采用桥梁式设计，弧线流畅，拿捏方便。壶嘴自然前倾，出水顺畅，壶把呈倒三角势，形成和谐的美学效果。壶身一面刻绘劲竹，金石之感飘逸而成，另一面刻绘文字，行文章法，更见胸怀与气节。

具轮珠壶

泥料：紫泥

容量：170mL

产品介绍：具轮珠壶，为明式传统器型，壶身饱满圆润，肩部转折有度，壶盖边缘曲线与壶身线条呼应，协调匀称，具有"拙而密、朴而雅"的造型特征。壶钮为柱形，矮而平，显得敦厚华美。直流壶嘴，挺峭胥出，耳形壶把，把内空间圆中见方。胎质细腻，上手顺滑，寓意生息轮转，源源不断。

树瘿供春壶

泥料：段泥

容量：190mL

产品介绍：树瘿供春壶，最初称作"树瘿壶"，又称"龚春壶"。壶取老树瘿为形，造型浑圆敦厚，古朴雅拙，耐人寻味。壶身曲线自然，通体刻画树皮纹路，斑驳的肌理尽显于壶身。壶盖如瓜柄，壶钮若瓜蒂，浑然一体。壶把空间疏阔，把梢分为两枝，质朴古拙，端握舒适，短接一弯流壶嘴，落落大方，时光徐徐打磨，拙朴浸染甘润。

君德壶

泥料：朱泥
容量：95mL

产品介绍：君德壶，壶型古朴大方，通体流转，线、面的处理上达到了"均、挺、圆、正"，不仅实用也十分美观。壶盖高耸，一枚珠钮立于其上，制作精巧，端庄讨喜。圈把拿捏舒适，与三弯流壶嘴相呼应。"君德"是对德行高尚之人的赞称，此壶内蕴人文美德，品性高洁，力求平稳中展露风华。

梨形壶

泥料：朱泥
容量：110mL

产品介绍：梨形壶，壶型似矮梨蹲坐，壶腹圆鼓下垂，造型既实用又讨喜。盖面拱起与壶身相契合，扁圆珠钮立于盖上，提升整器的气韵。三弯流壶嘴，线条流畅，耳形圈把，弧度圆润。壶型小巧生动，有凝香聚气之特点，圆润饱满的线条也颇有女性柔美之风韵。

秋水壶

泥料：朱泥
容量：100mL

产品介绍：秋水壶，壶身线条流畅，肩颈处采用"刹凹"处理，线条过渡自然，古韵十足。壶钮呈水滴形，珠圆玉润，置于壶盖之上，盖面拱起，子母线边缘圆润，严丝合缝。二弯流壶嘴，从腹部自然胥出，耳形壶把大方得体。

德钟壶

泥料：紫泥
容量：200mL

产品介绍：德钟壶，造型端庄沉稳，古朴厚重。圆形平钮形似壶身，上下呼应。壶口上下圆线像双唇轻抿，平和端庄。壶嘴为直流嘴，干净利落，兼顾审美和实用性，壶把与肩线自然结合，疏朗大气。器型端庄稳重，比例协调，结构严谨，有清正直谏君子之风度。

水平壶

泥料：朱泥
容量：170mL

产品介绍：水平壶，器型端庄大方，通体光素，胎体厚薄均匀，造型隽永耐看。壶盖为典型的压盖式，口盖严丝合缝，壶纽为圆润的宝珠纽，拿捏方便。上细下粗的剑流壶嘴，昂首挺拔，耳形壶把，与壶嘴在视觉上平衡对称，端正平稳。

水平壶

泥料：紫泥
容量：170mL

产品介绍：水平壶，器型端庄大方，通体光素，胎体厚薄均匀，造型隽永耐看。壶盖为典型的压盖式，口盖严丝合缝，壶纽为圆润的宝珠纽，拿捏方便。上细下粗的剑流壶嘴，昂首挺拔，耳形壶把，与壶嘴在视觉上平衡对称，端正平稳。

薄胎水平壶

泥料：朱泥
容量：140mL

产品介绍：薄胎水平壶，薄胎既是优点也是制作难点，壶身曲线流畅自然，气韵浑然天成。壶身丰润饱满，压盖上以一粒珠形壶钮装饰，与壶身相互呼应。直流嘴挺拔有力，环形把儒雅纤细，壶嘴和壶把和谐对称，增加整体的协调美。由朱泥制作，经泡养则愈显红润，易现包浆之美。

薄胎水平壶

泥料：紫泥
容量：140mL

产品介绍：薄胎水平壶，薄胎既是优点也是制作难点，壶身曲线流畅自然，气韵浑然天成。壶身丰润饱满，压盖上以一粒珠形壶钮装饰，与壶身相互呼应。直流嘴挺拔有力，环形把儒雅纤细，壶嘴和壶把和谐对称，增加整体的协调美。泥料色泽成熟稳重，呈棕紫色调，触感温润，泡养后色泽古雅。

薄胎水平壶

泥料：段泥
容量：140mL

产品介绍：薄胎水平壶，薄胎既是优点也是制作难点，壶身曲线流畅自然，气韵浑然天成。壶身丰润饱满，压盖上以一粒珠形壶钮装饰，与壶身相互呼应。直流嘴挺拔有力，环形把儒雅纤细，壶嘴和壶把和谐对称，增加整体的协调美。泥料呈红黄色调，温润细腻，颗粒丰富，泡养后更显素净清雅。

薄胎水平壶

泥料：青灰泥
容量：140mL

产品介绍：薄胎水平壶，薄胎既是优点也是制作难点，壶身曲线流畅自然，气韵浑然天成。壶身丰润饱满，压盖上以一粒珠形壶钮装饰，与壶身相互呼应。直流嘴挺拔有力，环形把儒雅纤细，壶嘴和壶把和谐对称，增加整体的协调美。青灰泥颗粒细腻，含铁量高，泡养后古味十足！

陶瓷茶具

瑞虎呈祥·弘益盖碗

泥料：高岭土
容量：140mL

产品介绍：瑞虎呈祥·弘益盖碗，由德化羊脂玉瓷高温烧制而成，碗身虎纹图案似虎似山，金线描边，既有"虎啸山林"的豪气，又有山川般沉稳之势。碗身平正，利于出汤，碗口外撇，最大程度隔热防烫，盖碗口沿和盖纽的描金装饰，在提升盖碗精致感的同时，又给使用者营造出泰然处之的意境。

瑞虎呈祥·弘益杯

泥料：高岭土
容量：80mL

产品介绍：瑞虎呈祥·弘益杯，由德化羊脂玉瓷高温烧制而成。杯身线条转折明朗，造型既有凝香聚气的特点，洁净的釉面又很好地映衬茶汤，口沿与杯足描金装饰，搭配虎纹图案，以玲珑之姿，更显华态。

瑞虎呈祥·盖碗套组

泥料：高岭土

容量：140mL、80mL

　　产品介绍：瑞虎呈祥·盖碗套组，由德化羊脂玉瓷高温烧制而成。虎纹图案似虎似山，金线描边，既有"虎啸山林"的豪气，又有山川般沉稳之势。盖碗、品茗杯口沿和底足描金装饰，在提升产品精致感的同时，又给使用者营造出泰然处之的意境。

弘益盖碗

泥料：高岭土
容量：140mL

产品介绍：弘益盖碗，瓷质釉色纯净细腻，明净无瑕。盖碗器型周正，盖与碗身紧密贴合，碗口外撇，利于出汤，最大程度隔热防烫。盖钮加高，便于抓握与隔热，瓷质素雅，触感细腻，整体气韵刚柔并济。

弘益杯

泥料：高岭土
容量：80mL

产品介绍：弘益杯，采用德化高白瓷土制作，经高温烧制，瓷质纯净无瑕，手感温润。杯身线条硬朗，杯口外撇贴合唇边，造型利于茶汤凝香聚气。

青花瑞虎呈祥墩式杯

泥料：高岭土

容量：130mL

产品介绍：青花瑞虎呈祥墩式杯，采用景德镇陶瓷传统制作工艺"手工拉坯""手工修坯"成型。画面采用"青花手绘"工艺，青花线条描绘细腻，三只子母虎工笔繁重，画工一丝不苟，老虎毛发栩栩如生，神情生动自然。杯身正面三只子母虎围坐在树下，神态怡然自得，树枝在微风的吹动下轻轻拂动，背面"瑞虎呈祥"四字点明主题，画面情景交加，构思巧妙。此款产品是益工坊首款高端生肖主人杯，设计构思巧妙，工艺极具匠心，"益工佳器，壬寅珍藏"八字底款也代表着一定的纪念意义。

斗彩江崖海水仙鹤纹撇口杯

泥料：高岭土

容量：130mL

产品介绍：斗彩江崖海水仙鹤纹撇口杯，采用景德镇陶瓷传统制作工艺"手工拉坯""手工修坯"成型。画面采用"斗彩手绘"工艺，先以青花料勾画轮廓线，上釉烧成后再用釉上彩料绘制其留白部分，然后入窑烧制而成。釉上彩和釉下青花相结合，画面层次分明，产品经高温烧制而成，胎体温润如玉。杯口外撇，弧腹，圈足，杯身正面绘仙鹤翱翔于福山寿海之上，三只仙鹤姿态各不相同，杯心青花双线内绘有福山寿海图案，底款落"益工佳器"青花四字款。

影青祥云纹壶承

泥料：高岭土
直径：175mm
高：19mm

产品介绍：影青祥云纹壶承，经高温烧制而成，釉面清新淡雅，白中泛青，观感光亮通透，令人一见倾心。手工雕刻祥云纹饰，层次感强，边缘如山丘起伏，造型独特，祥云满月寓意祥和美满。

影青海水纹壶承

泥料：高岭土
直径：161mm
高：17mm

产品介绍：影青海水纹壶承，经高温烧制而成，釉面清新淡雅，白中泛青，观感光亮通透，令人一见倾心。手工雕刻海水纹，线条流畅，气韵生动。边缘起伏与纹饰舒卷相得益彰，表现力十足。

茶叶末釉炉式杯

泥料：高岭土

容量：100mL

产品介绍：茶叶末釉炉式杯，采用手工拉坯成型，线条流畅，杯型敦实厚重。口沿外撇贴合唇边，鼓腹束口，具有凝香聚气的特点。釉水在高温状态下自然流动脱口，釉面层次丰富，自然过渡。底足手工描绘化妆土装饰，与茶叶末釉色形成鲜明对比。

茶叶末釉折腰杯

泥料：高岭土

容量：100mL

产品介绍：茶叶末釉折腰杯，采用手工拉坯成型，曲线流畅自然，转折处贴合手部拿捏，杯型实用大气。杯口圆润饱满，釉色自然过渡。底足手工描绘化妆土装饰，与茶叶末釉色形成鲜明对比，古朴文雅，耐人寻味。

茶叶末釉壶承

泥料：高岭土

直径：182mm

高：39mm

产品介绍：茶叶末釉壶承，采用手工拉坯成型，整体器型厚重内敛，线条张弛有度，比例适中。口沿与底足边缘转折一气呵成，莹润自然，釉色层次丰富，温文尔雅。

茶性篇

CHA XING PIAN

金色韵象里的四季

◎郭 峰

　　我对幸福的定义是：清空人间所怨，围炉一盏茶香。日子，在忙忙碌碌中平淡；生活，在补破遮寒中取暖。不知你是否想过：风景，因走过和看过而美丽；命运，因抗争和努力而精彩；人生，在坎坷挫折中历练；岁月，在琐碎忙碌中充实。生活的美好，在于不虚度，不放弃。然而喜欢上某一物，只要用心对待，都很值得，都很幸福，眼前的——"金色韵象"，正是我期待的风景。

　　在这个阴晴不定的冬日，疫情的阴霾还未散去，然而大益人此时厚积薄发，精心力作为天下爱茶人奉献的一片好茶，给这个寒冬带来了浓浓暖意，给茶人的心灵以无限的慰藉……

　　仔细品来，金色韵象里荡漾着春天的味道，初闻是花香，如细烟缕缕，似清风徐徐，仿佛在百花中漫步，满眼都是清新、明亮，连脚步都变得轻盈起来……

　　金色韵象里弥漫着夏天的味道，它热烈中夹杂着柔和，陈香里散发着温暖，偶然的邂逅，真挚以待。余香袅袅，流光溢彩，像慢慢流动的月光，像梦里看满天的星星，它守候着爱它的人，不远不近，茶汤香凝悠远，飘然已到他处。

　　金色韵象里充盈着秋天的味道，用心泡茶，有乡间的烟火，有收获的厚重，有诗意的缥缈，有秋风的甘醇……

　　金色韵象里蕴含着冬天的味道，浮世日常，以己为岸，万木一叶，沁心怡情，炉火中翻滚，世味如茶，所有的期待，所有的热情，"细滑散清香，回甘生津液，韵味轻醍醐，茶香薄兰芷。"虽然四季不止诗和远方，还有这人间草木，虽然大益的好茶有很多很多，而我，独爱这"金色韵象"。

　　如果生活需要仪式感，就让我们从这杯茶开始。

大益茶典 贰零贰贰 茶性篇

时间的味道——古韵金香

◎ 杨振伟

茶典

贰零贰贰

203

　　时常感叹光阴易逝，却习惯忽略那些岁月带来的惊喜。天地万物，在看似悄无声息的变化之下，时有故事发生，或不可思议，或喜出望外，时间和故事相逢往往能带来奇妙的反应，如一款好茶的出现。如果好茶可以发声，它会说什么？一起聆听"茶"在时光叠奏下的奇妙声音。

　　其形，茶饼圆润饱满，茶条苍劲，古铜金芽；其汤，橙黄明亮，琥珀流莹；其香，烟香、陈香、茶香各自芬芳，茶香而味烈，烟、陈凝聚，又交融缠绕、相辅相成；其滋味，质感稠厚，滋味霸烈，强劲而又饱满协调，满口浓香汹涌激荡，回甘生津迅猛，悠长的茶香和持续的厚重感久久回旋；其叶底，茎肥叶厚，活润有光。

　　时光蜕化，每一次都竭尽全力。独特、稀缺的古树茶，其强大的生命力和时间的不确定性，让人看到惊喜的更多面，卓尔不群。以布朗山幽深秘境古树茶为主要原料，立古树之韵之根基，再经过多年自然醇化，酿陈韵于其内。经入选国家级非物质文化遗产名录的"大益茶制作技艺"精心研配，终完成洗礼！

　　人们大多爱回忆过往，那是时光的味道，是生命的回味！岁月留香，回味无穷，正如这一片茶叶的奇妙，古茶树历经沧桑依旧昂然挺立，自先祖发现而遗泽，采摘、制作成原料，再经多年醇化，再经过层层挑选，方可横空出世！这期间要经历多少风吹日晒、揉捻搓抹、火海翻腾，要蜗居一角等待多少日月轮变，又要在成百上千的品类里，在滚烫的沸水中一遍遍上下沉浮，方才脱颖而出！品茶，品悟自身，一片茶的旅程，过往终是过往，留下的是岁月的沉淀，人生亦如此。岁月洗礼，铅华尽退，品茶的真味，踏上新的高度！

　　浓酽霸烈，茶香透骨，这是它的本味，历经岁月而不失分毫！琥珀流莹，烟、陈魅韵，这是时光的历练，岁月的沉淀！饱满润活，厚重劲道，古韵金香，是它始终如一的坚守。

　　然而，这仅仅只是一个新的起点，它的另一段生命才刚刚开始，也正因如此，它才拥有广阔的成长空间，无限的期待，无限的未知，才散发出无穷的魅力！站在伟人的肩膀上展望未来，即使没有什么建树，也能看到一片广阔磅礴的世界，谁不想在其中驰骋呢？一片茶叶和时间的相遇，它们奇妙地伫立在了那个至高无上的起点之上，迎接它们的必将是流光溢彩的未来！

深山一树乔木
人间几度茶"圆"

◎肖　静

　　日子总像流水，会从人的额头、发丝、皱纹间悄然而去。

　　一转眼，我已经跟着大益茶的脚步走过了20年。

　　海棠花开正四月。坐在自家店里的茶台前，泡一杯乔木圆茶，闻着茶香，品着香茗，看着这袅袅升腾的茶烟，让人不自觉间便有了一丝对生活的感悟。

　　有人说，人一辈子能专注于做一件事情，是非常不容易的，那需要很强大的意志力。可我，似乎凑巧还真做到了一半。

　　我的前20年，全交给了国企，我的这20年，一直跟紧了大益。2003年，从国企下岗后，我就开始经营大益茶，我坚信有着国企基因、民族基因传承的勐海茶厂，它的产品一定是行业内最好的。

　　这20年来，我经历了普洱茶的起起伏伏，但从未动摇过作为大益茶人的梦想——做好服务，将一杯杯好茶分享给更多茶友。

　　就像这款乔木圆茶，很值得体味，人生的诸多思考，都能在这款茶上找到我们生活的影子。

　　名字是最好的记忆。

　　我对它的画相是：深山一树乔木，人间

几度茶"圆"。圆茶，本就是清代贡茶里优秀品质的茶，才能称之为圆茶。乔木，是深山里富有坚韧品质的树，能扎根泥土，也能扎根悬崖峭壁，有着无比顽强的生命力。

乔木圆茶，就凭这个名字，它何尝不是我们每个茶人坚持梦想、坚韧不拔、始终如一、不忘初心的写照呢？

回想一下，年少"听雨歌楼"，壮年"听雨客舟"，中年"听雨僧庐"，我们每个人每个年龄段，就连听雨，都能听出不同的人生况味。时间是最伟大的作者，也是最好的老师，它总能让我们在自省中觉悟。

就像这片茶的宣传词，"深山万木春，宝藏十年陈"，它一出厂，就已有十年的口感，香气馥郁，滋味醇厚。这注定了这款茶的独到。

因为，无论历经岁月怎样的沧桑，我们总对生活怀揣梦想，乔木圆茶，又何尝不是如此？

万物总是像繁花一样盛开于静默。

品尝乔木，要学会静静地品，既像在寺庙中听梵音，又像在鼓点中听出征，又像竹林中听笛音，闹中当取静，静中才有韵。

推窗可以望月，饮茶可以照心。

生活总会撩拨人心的起伏，有欢笑、有忧思，有热泪盈眶，也有肝肠寸断。

那么，请让我们喝一杯乔木圆茶，抚平生活中不顺心的褶皱，看青山隐隐、白云深深、草木香韵，听低唱浅吟，嗅悠悠茶香。

新的轮回，新的开始——瑞虎呈祥

◎罗益鸿

我对喝茶的初印象，小时侯，豆棚瓜下、担侧摊前，随处可见提壶擎杯长斟短酌，印象里家家户户都有的传统茶盘，放着工夫茶具，或是紫砂壶或是盖碗，再配上三个工夫茶杯。夏日的午后，跟在大人的身旁讨一杯热茶，一啜而尽……

后来，20世纪90年代，我背井离乡来到经济特区深圳，出门在外，遇到"家己人（自己人）"一声乡音、一声"呷茶"、一杯工夫茶，彼此之间的陌生与隔阂转而变成亲近与团结，在茶桌上结识了一位又一位的好友。一句"有闲来食茶"是真诚的招呼，似乎也有一种千丝万缕的亲切感。

喝工夫茶是潮汕人一项日常生活中最平常不过的事了，饭后，或者客人来访，好友相见，都是以一壶茶来陪衬。

21世纪初，朋友往来间带来了一饼云南七子饼茶，本白色的棉纸上印着显眼的红色"大益"logo，这是我与普洱茶的初见，但从此这个logo深深地印在了我的脑海里。

勐海茶厂创始于1940年，至今出品各个年份、各种口感滋味的普洱茶，各个唛号的茶品数不胜数……

近期让我耳目一新的，当属2201批次"瑞虎呈祥"！

2010年，大益第一款生肖纪念茶、001批次的"瑞虎呈祥"上市。

2022 年，新的轮回，2201 批次"瑞虎呈祥"再次拉开"大益茶生肖传奇"序幕。五虎载祥瑞，雄威护万疆。"瑞虎呈祥"作为 2022 年贺岁之作，精选布朗古茶园上乘古树茶为原料。

2201 批次"瑞虎呈祥"版面栩栩如生的五只老虎，老虎身后是群峰雪山。五虎寓意为五福临门万事兴，背景雪山寓意瑞雪兆丰年。

在中国传统中，生肖"虎"象征着强壮、威武、虎虎生威，也是代表吉祥与平安的瑞兽。

2201 批次"瑞虎呈祥"的茶品也被寄予了美好的祝愿，精心选料，经入选国家级非物质文化遗产名录的"大益茶制作技艺"，匠心独运。其条索，乌黑健硕，粗壮有力，黑条白芽交相辉映。茶汤，深黄橙亮，凝如琥珀，流若金光。滋味强劲厚实，入口甜感丰盈，随之劲霸的苦奔袭而来，回甘生津迅猛，茶汤落喉，含香涌动。茶香馥郁，水落香起，烟香弥漫，蜜香接踵而至，两者相交相融，萦绕不绝。叶底，肥厚饱满，水润鲜活。

瑞虎下山象征着寒冬已过春将暖，万物复苏。借一杯茶，祝愿山河无恙，人民安康，大家同享一杯茶的美好时光！

侠客——银大益

◎袁富康

1. 引子

2000年以后，国营勐海茶厂出了很多经典茶，如2000年无R红大益、2001年紫大益四号饼、2003年金大益及银大益等。

银大益并不是茶品本名，因茶版上有个大益品牌标识，且整体印刷呈银色，而有了"银大益"的美誉。目前为止大益一共出了4批银大益，分别是301、302、201（2012年生产）、2201。

金大益和银大益，都是台湾飞台公司定制的青饼，合称"金银大益"，后来成为国营勐海茶厂的两朵明星姐妹花。

2. 金、银大益的历史缘故

金大益和银大益最早一批生产于2003年。

在2000年左右，勐海茶厂陷入了一定的经济危机，产品一度滞销，困难时甚至连员工的薪水都用茶来支付。因此，一部分301批次的金、银大益就从工人手中逐步流入市场，但当时并未得到赏识，随着2004年勐海茶厂改制，成立了大益集团，大益的产品逐步在市场上被人认知。

2007年，普洱茶行业经历了第一次大洗牌，茶商不得不抛售库存以应对风险，当时已经经过几年陈化、性价比极高的金、银大益进入了茶客的视野，接着金、银大益快速升值，甚至在2009年有一段时间，银大益的价格还超过了金大益。

大益顺势而为，在2011年推出金大益，2012年推出银大益，至此，"金、银大益"已经成为

了大益勐海茶厂的一对如中流砥柱的好茶。

3. 银大益201

金、银大益都是市场上受欢迎的明星产品，给予足够的陈化时间，必然再度掀起浪潮！

是金子早晚会发光，其实银子也会发光，只是迟一点而已，毕竟穿金戴银嘛！

随着金大益的品质被大众市场逐渐认可和追捧，银大益也就跟着备受关注！从2016年开始，市场回归理性，追求的是品质，品质是涨价的源动力。201银大益虽比不上金大益，但是对于金大益的价格只能望其项背，反过来银大益也就具有性价比了。

银大益就像浪迹江湖的侠士，大隐于市，名号自然比不上孔雀，之前几年里面更谈不上什么名气，它就这样一直生活在大哥金大益的光环里面。可是，银大益本身的内涵是要慢慢体会的，说他厚积薄发也好，待价而沽也罢，2012年银大益，刚出来时候苦涩重，刮喉燥口，确实不尽人意，但现在喝起来变化确实大，只有经过时光雕琢的好茶叶才可有此气质，这像极了剑客丰年江湖如一梦的情怀。

香气方面，纯正悠扬，伴着淡淡的蜜香、烟香，融合得是那样美妙，这是一种内质的沉淀，似正义的侠士气概。汤质感方面，滋味的浓酽，以及微弱的涩感，一种强烈的追求道义的感情。以上的一切，即"侠骨"。常言道：具备勇气和正义等侠义气概的男人往往有一颗柔情似水的心，

大益茶典 贰零贰贰 茶性篇

所对应的则是茶品的回甘生津，滋味甜醇，特别是数泡之后，霸气的滋味渐渐减弱，甜香依旧缠绵。总而言之，银大益最大的特点就是：浓烈的茶气中，伴有淡然的香甜！

4. 银大益 2201

大益2201银大益是以银大益命名后暌别十年后推出的新一代银大益，以勐海名山优质肥壮晒青毛茶为原料，传承了国家级非物质文化遗产名录"大益茶制作技艺"的精华，经过百余道传统工序制成。该产品在市场上备受欢迎，主要因为品质卓越、设计精美、经典再现且具有收藏和投资价值。价格稳步上涨，适合饮用、赠送或收藏投资。除了以上所提到的优点，2201银大益还有一个关键因素是其独特的口感。饮用时，它带来丰富的果香和蜜香，滋味浓郁饱满，口感质厚而不涩，回甘持久。

此外，2201银大益在设计上也体现了大益集团对于产品品质和品牌价值的高度重视。以金银错重器为蓝本，以银色为主导，金色为点缀，精致华丽的包装风格展现出高贵典雅的风范。产品版面创新，以金工技艺的纹饰为背景，简洁、大气的字体设计让消费者一眼就能从众多茶叶品类中认出2201银大益的品牌特征。

用料依旧是勐海高山茶，那么到底品质如何，我们用评测来说。

干茶：条索较粗壮、显毫不少，有不少粗梗出现，香气较浓郁。

前段：入口厚度不错，首先你会感到生津感来的非常快速，其后是香气，香气较浓郁，蜜香与烟香较显。苦底中等，涩感遍布舌面。甜感显，滋味均衡度不错。水路稍粗。此时生津感较强，尤以上颚为重。

此后厚度与苦底都有一定上升，涩显甜重，生津快速。微烟适度不抢滋味，蜜甜香温合，有

不错的香气层次，茶气较明显，生津回甘平稳，尤其是回甘有甜度，回味持久。

茶气在此阶段较厚重，生津有一定宽阔感，饮后有一定润感。

中段：厚度仍好，滋味融合度不错，原料均有不同年份陈化。苦底不减，苦甜均衡依旧，苦涩能够化开，滋味有强度。

六泡后滋味开始向下，香气下降较平缓，烟香弱、蜜香更显。同时甜感开始上升，茶汤平衡性很不错，茶气有延续性发挥，生津回甘稍有缓和，回甘持久度很不错。

……

尾水：厚度下降不少，苦底支撑也明显弱化，但滋味仍存，内质支撑度依然存在。香气上，微烟、蜜香。汤感柔和，甜感不低，涩感微显，滋味较协调，口感尚存，生津回甘有一定上升。

尾水阶段性甜度较好，各项指标逐步向下，有厚度，生津浅出，茶气仍有发挥，尾水非常协调，十泡并没有明显水意，此后滋味见底。

综合评价：总体上这款银大益还是表现非常不错的，拼配得非常协调，滋味发挥稳定，口感醇厚，苦底支撑度不错，同时也能兼顾滋味与汤感稳定。苦与甜转换较自如，烟香适度不抢滋味，延续性也不错。

如今，301金、银大益已经成为普洱茶市场上风光无限的领涨头牌，已是片茶难求了，这也侧面印证了此茶的转化潜力无限。历经多年坎坷，此茶终于守得云开见月明，这番经历告诉我们：苦尽甘来，贵在坚守！

2201银大益以其卓越品质、独特口感，精美包装和经典性等特点在市场上占据了重要地位。

历经多年，此茶肯定也是云开见月明！

鸣　谢

本书的顺利出版，离不开集团及相关兄弟单位同事的辛勤付出，在此特别鸣谢以下单位及同事：

勐海茶业有限责任公司（勐海茶厂）　邵爱菊　蒋洁琳　谢丽波　黄娴燕　彭丽娇

北京益友会科技有限公司　庄坤平　范小红　张军翔

东莞市大益茶业科技有限公司　胡荣华　詹崇梅

云南大益茶庭管理有限公司　桂海超

西安大益膳房酒店管理有限公司　师政理　李　虎

云南大益微生物技术有限公司　潘淑康　卢晓慧

云南益华茶业有限公司　段丽琴

集团品牌中心　赵建军　董翰阳　张玉杰